魅力進化論

打造零缺點無負評的氣質女神

高麗 著

強力推薦

知名購物專家 劉艾倫

有人以為形象管理就是穿衣、搭配

然而事實並非如此。

形象，是個系統工程！

形象管理，

意味著你得從頭到腳打造自己的形象，

並精細維護它！

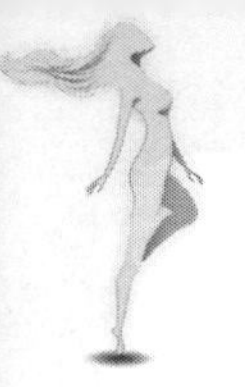

目錄

目錄

序言 形象是個系統工程

Part1 我的內部形象打造工程

Part2 我的外部形象改造工程

序言 形象是個系統工程

「形象」是一個非常概括的詞，大型時尚真人秀節目「天橋風雲」的評審這樣定義形象：形象，就是現在，把你整個人的影像投射到紐約時代廣場的大螢幕上，成千上萬的人看到你現在的樣子。

人們看到的將是什麼樣的你？

你是否感到自信？還是有著不得不暴露在人前的恐慌？

你的衣著是否得體？妝容是否精緻？體態是否優美？

你的配飾是否恰到好處？鞋子是否乾淨？舉止是否優雅？

形象管理，意味著首先你要從頭到腳打造自己的形象，然後精心維護它。

大多數人都沒意識到自己能夠為自己的形象進行改造，他們對自己的形象聽之任之，並認為「我已經付出過努力，結果就是現在這樣」。

在你的形象這件事上，先天因素只占 20%，而你掌握 80%的主動權。

有的人認為形象就是穿衣、搭配 ……然而形象遠不只穿衣搭配那麼簡單。

如果你沒有認真研究過化妝和打扮，你就不知道它們對一個人的樣貌起的作用有多大。可能我們看到一個美人只會覺得「啊，好漂亮」，卻不會細究這種漂亮到底從何而來。

那凝脂般的雪膚是天生的，還是透過後天保養加粉底和蜜粉得到的呢？

那精巧的五官、小巧的臉型是天然的，還是透過修容餅陰影修飾出來的呢？

那魅惑的眼睛是天生就有的閃光燈，還是心機的內眼線、暈染的眼影、捲翹的睫毛膏綜合起來的效果呢？

那細腰是真的盈盈一握，還是透過加大胸部和臀部的比例，營造出來的視覺效果呢？

那高挑的身材是本身就非常高，還是合理的穿搭精心拉長比例的效果呢？

換句話說，你在網路和現實中看到的美女，其實100%都是精心修飾過的，那漂亮的眼睛、清透的皮膚、優美的髮型和合體的衣服全都是努力的結果，是在一個大工程上，一個小工程一個小工程不斷攻克的結果。

形象，是個系統工程。

本書分為兩部分：第一部分是「我的內部形象打造工程」，幫助你細緻地打造自己的「身體」，從身材、皮膚、頭髮到妝容，進行全方位的認知和打造。

第二部分是「我的外部形象改造工程」，告訴你如何找到自己的風格，如何針對自己的體型揚長避短，如何分辨自己的色彩類型，最重要的是如何成為你自己。

這就是本書的使命，在形象管理這件事情上，幫助你塑造更美的自己。

Part1 我的內部形象打造工程

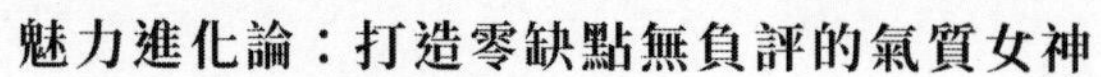

第1章 瞭解自己的身體

美麗需要：匀稱的身材、光滑的皮膚、柔亮的秀髮，任何一項不及格，美麗都會打折扣。

所以說，塑造美好形象的第一步，就是瞭解並塑造你的美麗身體：你的身材、你的皮膚、你的頭髮，甚至你的牙齒，共同構成了你的美麗。

第1節 美麗的身體就是：好身材、好皮膚、好頭髮

曾聽一位很有見地的女性朋友說：所謂美人，就是好身材、好皮膚、好頭髮。

乍聽之下，有點簡單，但是細一想，真是絕妙。

身材匀稱的女孩，只要不是矮得離奇，什麼樣的身高都各有千秋。

皮膚緊緻光滑，看上去也賞心悅目。只要皮膚好，五官如何，反而在其次了。

而頭髮是最終的撒手鐧。髮量多、髮質好、光滑蓬鬆、秀髮如雲，那就肯定是美女。

美好的身體就是這麼簡單：身材、皮膚、頭髮。

身體是一個整體

如果我們過分注意自己的缺點，修飾它、掩蓋它，反而會使我們忽視了自己的整體。

我們判斷一個人是不是美女，我們看的是整體，而不是她的缺點。

如果整體美，那麼缺點再多，也無損她是美女這一事實，缺點也只會為她增加特別的美。

我認識許多可愛的女孩子，說起自己外貌上的優點，她們有的也許能說出來，有的則含糊其辭，甚至說「我都不知道我的外貌有什麼優點」。

但是說起自己外貌的缺點，幾乎每個人都能立刻說出來，然後滔滔不絕地開始描述：

「我的頭髮太少了，也乾，髮線太靠後，而且我鼻子很塌，臉上斑點太多……，」這是一個在我看來很可愛的女孩子說的。

「我的身材太胖。」其實她身高 164 公分，體重也不過 60 公斤，談不上「太胖」。

看出來沒？

每個人都過分注意自己的缺點，那些看起來很有自信的人，內心對自己的缺點也是自卑的。

以我的女神周迅為例，許多人會說「可惜她矮了一點兒」，但是，換個角度想，如果周迅的臉配上 170 公分的身高，她還是周迅嗎？想像一下，是不是有違和感？

當你的整體優秀到一定程度時，你的缺點也會變得特別。就像周迅，周迅的嬌小只會讓她顯得更有靈氣。

在塑造個人形象的初期，整體更重要。當你在鏡子裡看見自己的形象時，要有大局觀，從整體判斷自己是不是好看、是不是協調，髮型和衣服款式是否搭配，衣服和鞋子是否是同一種風格，臉色和衣服的顏色是不是相配。

整體的優美協調，是這時最重要的訴求。

魔鬼在細節

當你達到了「看起來很美」、「遠看很協調」的效果時，再去追求細節（如表 1-1 所示）。

表 1-1 細節的追求

髮色	你的髮色是否適合自己的臉色，很多女孩喜歡染髮 (我也是)，較深的髮色還好，三、四個月補染一次，就部會看起來很突兀。而有的女孩染了淺色的頭髮，卻懶得補染，過不了兩個月，頭髮就會出現明顯的分層，真是非常難看。
指甲	還要注意「指甲」，指甲的精緻程度和潔淨程度反映了整個人的潔淨的精緻程度。
內衣	關於內衣的細節也是注意的。比如，夏天穿比較透的衣服時不要露出肩帶，或者穿無肩帶內衣、背部繞帶內衣 (千萬不要穿透明肩帶內衣，早就過時了)．
襪子	絲襪不要有脫線，冬天的襪子不要起毛球。
個人衛生	最重要的是要注意自己的個人衛生。把它當成固定流程去做，每天早晨洗臉、洗頭髮時，就要順便把手指甲、脖子、耳朵等部位洗乾淨

我上學時，我們學校裡有個校花級的美女，非常可愛、有氣質。但是有一次我和她說話，她一撩頭髮，耳朵暴露在我眼前，裡面全是耳屎。從那以後，我雖然仍覺得她很美，但再也不覺得她有氣質了。

細節的失誤會讓你的美大打折扣。

第 2 節 你的皮膚已經「飢渴」太久

Question1：完整的護膚程序包括哪些項目？

完整的護膚程序包括每日護理和每週護理，每日護理是指你每天都要做的護理，而每週護理是指你一週可能需要做 1 到 2 次的護理（如表 1-2 所示）。

表 1-2 每日護理與每週護理

早晨	洗面乳—化妝水—精華—眼部精華和眼霜—日雙—防曬
晚上	洗臉（如果有化妝，就先卸妝）—化妝水—精華—眼部精華和眼霜—晚霜
每週護理	一週 1~2 次用按摩霜按摩，一週 1 次去角質，一週 2~3 次面膜

以上程序看起來簡單，但是許多人都做不到。任何一個步驟的缺失，都有可能導致皮膚問題。

面膜的使用頻率問題：

面膜確實是非常好的護膚品，但是也不能使用得太過頻繁，每週 1 ～ 3 次即可。天天使用面膜反而會讓臉部皮膚承受額外的負擔，使皮膚變得敏感。

在我看來，大多數人的皮膚問題，都是其中一個或者幾個步驟沒有做到位所造成的。如果你清潔不到位，就會導致粉刺和黑頭產生；如果忽視了去角質，臉色就會暗淡無光；如果你晚上不認真護膚，你的皮膚可能會比同齡人更乾，老得更快；如果你白天不防曬，那後果可真是毀滅性的。

不要再讓你的皮膚飢渴下去了，護膚是一件需要極大耐心的事情。

關於面霜，我的使用方法是便宜的開架商品和高價商品同時使用，晚霜就用好的。例如，今天早晨感覺皮膚狀態不錯，就使用以保濕為主要訴求的肌源乳液，如果感覺皮膚狀態不好，就直接用高價護膚商品。

關於晚霜，我現在用的是滋潤的面霜，效果非常好，適合乾性肌膚。如果是油性肌膚，可以選擇相對來說輕薄一點的面霜，但是晚霜應該比日霜更貴更好，這是常識。因為晚上才是護理時間，白天是防護時間。

Question2：如何讓護膚品吸收更好？

關於這個問題，我有一個很重要的心得，用完水、精華液和乳液後，不要就此結束。請你把手搓熱，然後輕輕按壓在臉部肌肉上，每個部位都要按到，尤其是眼部，讓手部的溫熱傳遞到臉上。這樣本來皮膚吸收 70%的，就可以吸收 90%，每天這樣按壓一兩分鐘，效果特別好。

這種幫助面霜吸收的按壓要天天做，此外，每週至少還要做臉部按摩 3 次。

對臉部的按壓與按摩就好比幫助臉部肌肉做運動。可以想一想，我們的身體要運動，運動與否差別很大，那麼我們的臉呢？其實也是肌肉呀！

合理的運動能幫助臉部保持良好的狀態，皮膚之下的毛細血管，多按摩和溫熱就會通暢、活躍，只有暢通，臉部皮膚才不容易衰老。

只用護膚品卻不按摩，就如同身體不做運動只用身體油一樣，表皮是滋潤了，但是肌肉卻鬆弛了。

Question3：防曬到底有多重要？

防曬是抗衰老的基礎。但在我看來，名牌防曬霜與廉價品牌防曬霜的效果沒有差很多，除非你有特殊的需求。比如，去海邊，需要防水的防曬霜，或者去沙漠等紫外線非常強烈的地方，需要極高倍數且持久的防曬霜。名牌防曬霜與普通防曬霜的區別可能是持久度與防水度的不同，但是這種區別對於日常使用來說差別不大。

一般情況下，使用普通品牌的防曬霜即可。以我來說，每天上下班受陽光照射的時間非常少，不到兩個小時，所以我通常每 4 個小時補塗一次。如果某天我需要照射 4 個小時以上的陽光，就會用 SPF 值高一些的防曬霜。而出國玩，或者去海邊，毫無疑問我會用 SPF 係數更高的防曬霜。在不同的生活環境中，選擇不同的保養品也是一種智慧。

Question4：什麼時候要塗防曬霜？

一年四季，只要是白天，都需要塗防曬霜！雨天要不要塗？要！陰天要不要塗？要！那麼室內呢？除非室內完全不透光，否則也需要塗防曬霜。

即使是陰雨天，還是有紫外線的。

防曬霜既是化妝的第一步，也是保養的最後一步。

防曬霜最重要的功能不是防止晒黑，而是防止光老化。

那麼防曬霜需要塗多少？通常一粒黃豆大小的劑量即可，否則達不到效果。

防曬霜是否需要卸妝？看防曬霜本身的質地，防水的防曬霜需要卸妝（類似安耐曬），不防水的防曬霜用清潔力強的洗面乳即可（類似大寶）。

Question5：為什麼紫外線會造成光老化？

長期的紫外線輻射，會使皮膚內的膠原纖維減少，並沉積異常彈性纖維。紫外線中的 UVA 是使皮膚變黑的主要元凶，它的穿透能力極強，能夠進入皮膚深層；而更可怕的是紫外線中的 UVB 光譜，它可以晒傷皮膚，引起紅腫、疤痕、延遲性晒黑，還會破壞皮膚的保濕能力，致使皮膚粗糙、彈性變差、衰老。

因此，要防止紫外線對皮膚造成傷害，防曬霜就要儘早塗抹。歐美國家從嬰幼兒時期就開始強調防止日光帶來的傷害，而我們許多女孩過了 20 歲還沒有建立起防曬的意識。

第 3 節 保持不老面容的秘密

老實說，我已經不年輕了（不是那種可以輕鬆說出自己年紀的年齡），但是我自認為顯得很年輕。為什麼呢？因為我十分努力地在保養。

臉部的保養分為兩部分：皮膚保養與肌肉保養，保養方式分為外部保養與內在保養。

皮膚的保養包括清潔、保濕和防曬，而在做好清潔與防曬的基礎上，幾乎所有的護膚品都是為了保濕。

內在的保養，首先要有好的作息習慣，睡眠充足，此外心情要好，不然也容易衰老。

1. 皮膚與肌肉，要雙管齊下

我是從什麼時候開始注意皮膚與肌肉保養的呢？

我很早就開始有護膚意識，從高中開始就堅持塗防曬霜。但是好的護膚品用得比較晚，23 歲才開始用雅詩蘭黛。

用雅詩蘭黛的前兩年，感覺還好，後來發覺雅詩蘭黛好像不太適合我了（因為我的皮膚超級乾，感覺滋潤度不夠）。在年齡的壓力之下，我覺得雅詩蘭黛不夠保濕，於是轉向 Sisley、資生堂、SK-II 等品牌。

在皮膚方面，我一直是同齡人中的佼佼者，但是，想要漂亮，僅僅保養皮膚是不夠的，還要注意防止臉部肌肉鬆弛。

我 23 歲那年，剛剛開始工作，工作開始得不算順利，心情也十分低落。記得每天下班在捷運列車的車窗上看見自己的臉，覺得臉部肌肉都下垂了。那種感覺難以形容，好像看著自己一點一點地變老。

2. 關於頸部護理

關於頸部，我很慶幸我的頸部上有頸紋，這使我很早就開始用克蘭詩的頸霜，還有每次用化妝水的時候，也會塗在頸部。塗頸霜的時候，重要的是要按摩，從下往上。

頸部是許多女孩容易忽視的部位，其實最容易暴露年齡的也是這個部位，另外手部、膝蓋和肘部也容易暴露年齡。

3. 關於鬆弛

姐妹們都說我心態好，其實我偶爾也會抓狂，就是因為——鬆弛，鬆弛真的會很醜。

除了鬆弛，還有兩點大家要特別注意，即乾癟和瘦削。

乾癟：臉頰、嘴唇、鼻頭

瘦削：下顎、額頭、眉眼

通常笑起來的時候，乾癟會顯得更嚴重，臉頰會凹陷下去，看起來就像一個酒窩。而隨著年齡的增長，嘴唇也會變得越來越乾癟，所以要提早保養。

瘦削其實也是鬆弛惹的禍，肌肉鬆弛後就不能很好地包覆骨骼，骨骼就變得明顯了。至於眉眼，隨著年紀增長，閱歷增加，會有越來越多種或淡定或兇狠的神情顯露出來，這些都是職場練出來的。

我也很怕鬆弛，鬆弛是一個人衰老的標誌！

正在看書的你去照照鏡子，看看自己的臉有無鬆弛跡象。如果有，表示你對肌肉的保養是遠遠不夠的。

那麼，肌肉鬆弛了怎麼辦？我的建議是按摩，網路上有田中宥久子塑顏按摩法的影片，大家可以搜尋出來，每天照做，真的有效。

保養的關鍵也就這些，理解之後非常簡單。但是要堅持下去卻很不容易，需要極強的毅力。

4. 關於 La Mer 與眼唇護理

我是在 26 歲左右開始用 La Mer 這個品牌的，我那時是混合性皮膚。現在我的皮膚很細膩，是中性的，我不確定這是不是 La Mer 的功效。雖然很多人說不要太早用昂貴的化妝品，但是在經濟條件允許的情況下，我還是用了。有時候我覺得這是一種態度，讓我知道我每天為我的皮膚做了什麼。

關於 La Mer，我只想說其實它不是很貴。雅詩蘭黛這幾年出了很多白金、鉑金系列的化妝品，其實都比 La Mer 貴。

但是對於鬆弛，La Mer 的效果不是很好。我曾經用過克蘭詩的 Extra-Firming 系列，的確有緊致的效果，不過它是給 40 歲以上的女人用的，所以我不是天天用。我建議買克蘭詩的緊緻精華晚上用。

關於眼霜的使用，我現在除了塗眼周，還塗唇周。大家看過動畫片裡面的老奶奶吧，嘴唇上面的皮膚都豎著皺起來了。所以，唇周和眼周一樣要特別保護。

塗唇周的時候，也要按摩，先壓壓嘴角，並向上移動，然後用手把嘴角移動成微笑的樣子，堅持吧……，你會發現嘴角真的會慢慢開始「微笑」。

5. 關於按摩步驟

關於法令紋和眼紋，我想提醒大家的是，在塗眼霜、面霜時，請輕輕用手指將紋路打開，保證塗到細紋的凹處，聽上去挺嚇人的，其實這是很重要的。皮膚是有紋理的，不打開塗，凹的地方（當然這個面積是很小的，小到可以忽略）就是乾燥的，長此以往會導致細紋逐漸加深。

我通常會這樣按摩：

A. 塗好滋潤的面霜或油。

B. 搓熱雙手，按摩過程中經常搓搓手。

C. 先按摩脖子，從下往上，注意，往上一直要到下巴。

D. 按摩耳朵，讓耳朵熱熱的，通常耳朵很冷。

E. 兩手手指按按嘴角，防止嘴角肌肉鬆弛突出，已經突出的要按回去。

F. 從嘴唇下的皮膚中間向兩側，經過嘴角按摩到上唇中間——能防止嘴角下垂，按摩的時候可以有意識地保持微笑的唇形。

G. 上面都是用 4 根手指按摩，接下來要用手掌。

用兩個手掌按住左右臉頰，向上推，向外推，然後是額頭。每次按摩完之後，我都覺得臉熱熱的。

如果你試試只按摩一邊臉，按摩完之後，會發現兩邊臉的狀態是不同的，特別是眼角和嘴角，按摩後的半邊臉都是向上的。

6. 關於年齡

我在英國讀書的經歷告訴我，女人老了也可以很美，很優雅，而且有品味和修養的男人好像並不是特別喜歡年輕的女孩子。他們對女人的要求是多元化的，絕對不是只要年輕就好。

總有些東西，比單純的青春貌美更有價值。

第 4 節 美麗的秀髮決定你的氣質

不要再忽視你的頭髮了，不要再糾結染頭髮、燙頭髮要花費幾百元甚至上千元了，一個適合你的好髮型對你的容貌起著決定性作用。

有人說美女就是好皮膚、好髮型、好身材，此言很有道理。五官可以是變項，但是好皮膚、好髮型、好身材絕對是美的重中之重。要像重視減肥那樣重髮型，要像重視保養臉蛋那樣重視頭髮。

在我看來，頭髮是個人形象最為重要的一環，一頭秀髮絕對是從普通女孩變身美女不可缺少的元素。

豐盈的秀髮代表女人味，換句話說，秀髮本來就是女性吸引力的表現，是一個女人身上最性感的部位之一。

許多女孩都知道頭髮的重要性，但是卻不知道如何保養。

保養頭髮有如下要點。

1. 勤洗是保持頭髮美麗的第一要務

油性頭皮要每天洗，乾性頭皮兩天一洗。也許很多人會說不行，可是對我來說油性髮質就是要每天洗。據我觀察，如果頭髮 3 天不洗，再洗的時候就會掉十幾到二十幾根，吹的時候也會掉那麼多。

我問過很多女性朋友，她們也都是頭髮洗得越勤，掉髮就越少。

每個人頭髮最漂亮的狀態，都是在洗完後頭髮蓬鬆柔順的時候，不然就只能綁個馬尾，給人灰頭土臉的感覺。

2. 洗髮精不要直接接觸頭皮，請使用起泡瓶

洗髮精的濃度是很高的，如果直接接觸頭皮，因為其刺激性大，很容易引起掉髮。許多女孩子整體看起來髮量還可以，但仔細看會發現頭頂有一片地方頭髮稀疏，那地方就是你洗頭髮時，直接抹洗髮精的地方。

所以，洗髮精在碰到頭髮前，一定要充分起泡。起泡瓶是非常好的選擇。

使用起泡瓶時，先將洗髮精與礦泉水以 1：4 的比例倒進去，按壓出來的直接就是泡沫。這樣的泡沫，一是方便你洗頭髮，二是很容易沖洗乾淨。

我將起泡瓶推薦給身邊許多朋友，她們大多數用了之後表示掉髮減少了。

別外，要梳順頭髮之後再洗，不要直接洗，這是常識。

3. 吹風機和防曬

我知道許多女孩子覺得經常使用吹風機對頭髮不好，但是在頭髮全濕的時候吹，是不傷頭髮的。

但如果頭髮已經吹到六、七成乾還不抹任何護髮油，就會把頭髮吹得乾枯分叉的。

例如卡詩和巴黎萊雅，都有專門抗熱的護髮油，就是吹頭髮的時候使用的。稍微抹一點就能保護頭髮，頭髮吹完後也會有光澤。

千萬不要小看這一步，事實上許多女孩子的頭髮就是壞在吹整這一個步驟。

如果去日照強烈的地方旅遊，還需要抹點有防曬效果的護髮油。

使用護髮油以後，我的髮質大大提升，整個感覺都不一樣了。護髮油要抹在髮梢，遠離頭皮，在頭髮六、七成乾的時候均勻塗抹，然後吹乾。

如果是乾性頭皮我推薦使用卡詩的髮油、日本 Milbon 髮油，如果頭髮特別油，可以使用輕薄一些的髮油。

4. 按摩也是必不可少的步驟

頭皮強健了，頭髮才會好，所以按摩頭皮是很重要的。有些女孩子會用梳子梳頭皮，而我有點懶，平時想起來了就用手指用力地按壓頭皮，注意不是揉搓頭皮，而是按壓。

5. 關於髮型

簡單來說，髮質好了，很簡單的髮型也會非常漂亮。如果想顯得年輕，長髮不如中長髮（太長的頭髮會給人壓抑之感），捲髮不如直髮。

最重要的是，不要有很強的造型感，不要讓你的頭髮看起來很僵硬，要有美好的髮質自己帶出來髮型的質感！有的女孩子頭髮造型感很強，乍一看很好看，但是走動起來，風一吹髮型紋絲不動，沒有一點兒生氣。

有劉海會讓你顯得很可愛，沒有劉海則使人有氣質，可根據自己適合的造型來選擇。

第 5 節 定義自己的髮色

選擇最適合你的髮色是擁有個人風格的第一步。經常變換髮色並不會讓你更美麗，反而會破壞你個人風格的穩定性。

在個人風格中，首先應該被定義的就是色彩。當看到一個形象時，人們首先注意到的也是色彩，例如，你穿著的顏色，而更應重視的是你的膚色、髮色，要根據膚色選擇你的基本髮色。

1. 選擇適合你的髮色

許多女孩不染髮，其實黑髮比其他顏色的頭髮對髮質的要求更高，而且，天然的黑色未必是最適合你的顏色。

有時，黑髮會讓女孩們顯得更高貴，但是也有許多時候，黑髮意味著女魯蛇：柔順美麗的黑髮與乾枯晦暗的黑髮可不是同一種概念。

如果你的髮質不是很好，不夠黑亮柔順，還不如染個適合你的顏色。

乾枯的黑髮絕不會襯托你的臉型。

如果害怕經常染髮會使髮質變差，可以加強護理。

比乾枯的黑髮更可怕的是乾枯的黃色頭髮，所以以下幾種顏色是相對「保險」的選擇：巧克力色——溫柔端莊的顏色；栗色——洋氣時尚；還有咖啡色、奶茶色、酒紅色，也是不錯的選擇。

至於要選擇哪種顏色，應根據自己的膚色與喜好而定，太跳的顏色，例如金色、亞麻色，請慎重選擇。

2. 頭髮需要定期補染

染髮後注意每 3 個月要補染一次，明顯的髮色分層比乾枯還要糟糕。染髮劑一定要選擇大品牌，或者去可靠的美髮店染。

如果染髮劑的品質不夠好，又經常補染頭髮，很容易損傷髮質。在補染之後，也要特別注意頭髮護理，多用護髮素或者髮膜，能夠有效降低經常染髮帶來的乾枯。

第 6 節 她們費了那麼大力氣，只為了看起來毫不費力

常常發生的情況是：當你看到美女時，你只看到她們的美，卻沒有看到她們的付出。

換句話說，你在網路和電視上看到的美女，100%都是精心修飾過的，那漂亮的眼睛、清透的皮膚、優美的髮型和得體的穿著，全都是努力的結果。

即使美麗如奧黛麗·赫本，她的睫毛也是化妝師一根一根用夾子分開的，這才營造出了那小鹿一般無辜的大眼睛（如圖 1-1 所示）。

她們費了那麼大的力氣，只是為了看起來毫不費力。

想要漂亮，請先付出時間與精力打造自己。

別人真的不關心你有沒有化妝，他們只關心你美不美

太多女孩子以不施脂粉為榮，並且以此鄙視那些「濃妝豔抹」的女孩子，我不太確定，是不是你的男朋友、家人等告訴你：就喜歡你素顏的樣子。

圖1-1奧黛麗·赫本

我媽媽和我的男朋友在我沒學化妝前也這麼說，直到我做了很多功課終於學會化裸妝：用適合我乾性皮膚的隔離霜潤色打底，均勻膚色，用清透感的粉底進一步均勻提亮膚色，用遮瑕膏淡淡遮去黑眼圈，用修容餅打亮額頭和臉頰，用腮紅使氣色變得更好，最後抹上唇彩……。

這一系列的工夫在他們眼裡只有：啊，真好看……。

我說了這麼多，想表達的就是：事實上他們只關心結果，最好看起來像沒化妝又變漂亮了，他們並不真的關心你是不是化妝了。

第 7 節 正確選擇的是：素顏和化妝都要重視

我們的目標是：化妝時要艷麗，素顏時要清秀。

時常看到有女性以自己「從不化妝」為傲。還有一種說法是，素顏可以讓見到的人不必承受卸妝後的差異，卸妝後就像變個人，多尷尬啊。

這種說法真是有失偏頗。

首先，日常的化妝只會讓你變漂亮一點，氣色變好一點，真的沒有「變了一個人」、「都認不出來了」的感覺。

此外，隨著年齡的增長，女人不可能永遠保持 18 歲時的清純動人，讓人觀之可親望之可喜。

在輕熟的年紀，化妝的你必然比不化妝美。而且化妝跟重視素顏並不衝突，卸妝之後的美，並不影響你化妝後的動人。

在日本和巴黎的大街上，無論多大年紀的女人都會化妝。我有個朋友想買化妝品，在日本高級化妝品專櫃猶豫不決，直到身邊來了個目測有 60 歲、打扮精緻的老太太，老太太的妝容精緻妥帖，在化妝品專櫃試用並購買了共計 8000 多元人民幣的化妝品後悠然離去。

老太太離去之後，櫃姐告訴我的朋友，老太太已經 84 歲了，這是何等的自愛和精神啊！

我們的目標是：化妝要豔麗，素顏也要清秀。

在化妝的同時加強皮膚護理，好皮膚是清透妝容的基礎。但如果你的皮膚有嚴重問題，比如大片起痘、發炎，那還是先讓皮膚恢復健康再化妝吧。

日常妝的最大作用是什麼？

日常妝的最大作用就是使你的氣色變好，使整個人變得有精神。均勻膚色、渲染氣色、使眉目變得清晰有神、嘴唇紅潤健康，都是日常妝的主要訴求，而不是「你們快看啊，我化妝了！」（如圖 1-2 所示）。

一般來說，臉上沒有瑕疵的女孩子，只要抹一層潤色隔離霜，加一點兒粉底修飾膚色，最後撲個蜜粉定妝，整個人看起來就完全不一樣。

急著出門的時候先塗防曬然後再抹個隔離霜，撲個蜜粉，皮膚也會變得清透許多。

膚色不均且有痘印的女孩子就需要上遮瑕了，一般來說遮瑕度好的粉底也可以滿足這一需求，但是遮瑕強必定會帶來妝感重的缺陷，主要看自己需求。

圖1-2化妝是為了修飾自己

只有眼妝是因人而異的，有的女孩子天生大眼睛，又不戴眼鏡，那麼只化稍粗的眼線、配上睫毛膏，就會有很好的效果。

而對於離不開眼鏡的女孩子來說，僅僅是眼線和睫毛膏可能是不夠的，稍粗的眼線、和眼線同色系的小煙燻，再加上睫毛膏，才是首選。無論多麼重的眼妝，戴上眼鏡後效果都會減弱。

不過戴眼鏡不適合色彩感突出的眼妝，平時看起來非常好看的紫色、藍色眼影，在眼鏡後面會變得十分怪異。

對於普通人的日常妝來說，大地色眼影是不二利器，能夠使你的眼睛輪廓加深，整個人精神變好。

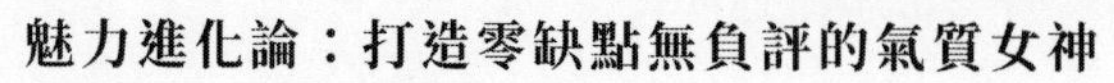

第 2 章 我的身材管理：28 天打造完美身材

很多女孩都想減肥，但是真正能減肥成功的卻是鳳毛麟角。

人體有一套自己的平衡機制，你不能打破它，只能圍繞它，才能達成自己的目標。

本章將幫助你瞭解人體的機制，認識合理的減肥方法與運動頻率，進而制定適合自己的減肥週期，最後，透過 28 天的訓練計畫，打造出更完美的身材。

第 1 節 為什麼單純節食減肥常常無法奏效？

1. 身體有一套自己的平衡機制

人的身體擁有一套平衡機制，當你吃得太少時，身體為了維持平衡，就會降低基礎代謝，就好像我們的手機，在低電量的時候，會開啟智慧省電模式。

這種機制是我們的祖先能夠在遠古時期存活下來的關鍵。在遠古時期，人類靠狩獵生存，在餓一頓飽一頓的生存條件下，身體能否儲存熱量就成為生存的關鍵。當長期低量食物供應時，身體會自動調節，減少消耗。

透過節食減肥的女性都會發現，剛開始節食時，體重下降的速度是很快的，但是一段時間之後，速度就會變慢，甚至完全不動了。這就是因為身體注意到你最近吃得太少，認為到了緊急關頭，需要進入「低電量低消耗模式」，所以之後就算你吃得再少，也不會減去多少體重。

2. 減肥就是讓你的支出＞攝取

從這個角度來說，管住嘴、邁開腿的減肥方法雖然簡單粗暴，也是能夠起作用的：吃得少，支出也少，只能透過多運動來增加支出。

人體的運行模式說簡單也簡單，只要支出＞攝取，你就可以瘦。

對我來說，減肥最重要的不是意志，意志的根本是慾望：只要你有控制體態的慾望，你就能進一步控制食慾。

3. 盡量減少食慾對你的影響

減肥成功的關鍵是盡量減少食慾對你的影響（例如，不要讓自己太餓、選擇不容易胖的食物、控制卡路里而不是控制吃飯等），然後用想變美的慾望打敗吃巧克力的慾望。

不要讓吃東西的慾望太強烈，太強烈必定會崩盤，比起吃多少，更重要的是吃什麼。把所有甜品都換成番茄或者胡蘿蔔，用清蒸、水煮代替煎炸。

4. 減肥前，請準備一個精確的電子體重計

減肥前，請準備一個準確的電子體重計，精確到零點幾最好，因為減肥和長肉都具有延遲效應：身體調整會使體積適應體重，但是你今天胖了 1 公斤，往往 7 天以後才會在體態上顯現，瘦了 1 公斤也是如此。

如果你節食一週，體重已經減掉 1.5 公斤，這時候從體型上往往是看不出來的，你可能會因為沒有成效而灰心喪氣。有電子體重計就不同了，每天的體重變化都是清晰可見的。

每天減肥的成績就是你的最佳動力。

我常用的一個方法是，把一件我穿著稍緊的 S 號新衣服掛在最顯眼的地方，每次想要吃東西時就看看它……，雖然吃東西的慾望可能不會消失，但是看著它就能讓我少吃點。

第 2 節 減肥的關鍵：提升基礎代謝率

你的日常支出是：基礎代謝＋活動代謝（日常的活動加運動）。每個深入瞭解過減肥的人都知道：人的身體有「基礎代謝率」，基礎代謝是身體代謝的主要組成部分。基礎代謝是指在絕對靜止的狀態下，你的身體代謝所能消耗的能量，成年女性的基礎代謝為 1200 ～ 1400 卡。成年男性的基礎代謝為 1400 ～ 1600 卡，所以男性儘管吃得更多，卻未必發胖。

如果想減肥，首先要控制自己每天的熱量攝取不要超過每天的支出。

同時，要嚴格掌握自己的支出，要點在於增加支出，增加運動，並維持甚至提升基礎代謝。

如何提升自己的基礎代謝？

1. 少量多餐

把一天要吃的食物，在總量不變的前提下，多分幾次來吃。例如，你每天攝取 1200 卡的食物，分成 5 次吃，就比一次吃完更有利於減肥。

2. 注意保暖

人的體溫每提高 1℃，基礎代謝率就會提升 13%。確保自己的體溫，是提升基礎代謝的有效方法。

提升體溫可以透過一天中見縫插針地多做幾次運動來實現，也可以透過白天多穿衣服，晚上泡腳來實現。總之，不要讓你的身體冷著。

3. 多運動

運動本身會消耗熱量，同時，運動還能夠提升你的基礎代謝率。不常運動的人，比經常參加體育鍛鍊的人基礎代謝率往往更低。

4. 每週的運動量

兩次重量訓練（舉器械訓練，還有伏地挺身、深蹲走等自體體重訓練，新手可以參考《囚徒健身》，裡面有循序漸進的訓練方法）。

不少於兩次的有氧訓練（比如跑步、橢圓機、跳健身操等）。不少於兩次的柔韌性訓練。

第 3 節 選擇適合你的食物，選擇適合你的運動

關鍵 1：選擇適合你的食物

如果要減肥，那麼控制飲食是非常重要的。每天的食物攝取要不超過自己的基礎代謝率（基礎代謝率可以計算），且不少於自己基礎代謝的 80%，因為吃得太多會影響減肥效果，吃得太少則會使基礎代謝率降低。

最佳組合應為蛋白質（40%）加碳水化合物（40%）加蔬菜（20%）。

一個可行的減肥計畫，應根據自己的情況進行調整。適合你的食物應該是低熱量、低脂肪和高蛋白的食物。零食不是完全不能吃，怎麼吃、吃什麼很重要，堅果、紅棗、無糖優酪乳都是不錯的選擇（如表 2-1 所示）。

表 2-1 你適合吃什麼

蛋白質的最佳選擇	水煮蛋、水煮雞胸肉、此外大多數的魚肉都適合吃的。牛肉、豬肉和羊肉等紅肉熱量高，盡量少吃。
碳水化合物的最佳選擇	南瓜、地瓜、玉米等粗糧，蒸和煮的方法都可以。
蔬菜	各式綠葉蔬菜均可。另外，花椰菜是大多數健身者的選擇。
零時	可以將一瓶無糖優酪乳或者一點堅果作為零時。想吃甜食的時候，請不要去買蛋糕和巧克力，吃兩顆紅棗吧。

關鍵 2：選擇適合你的運動

減肥最簡單和最經典的方法，就是進行長時間的耐力性運動。訓練量要大，這樣才能保證整體消耗增加。

不過運動強度要中等甚至偏低，這不僅適合沒有運動經驗的人，最重要的是，更容易堅持。如果一項普通的運動每小時消耗 200 卡熱量，你能堅持 2 個小時，而且不感到痛苦，那麼一次運動就能消耗 200 卡 ×2 小時＝400 卡。

相對地，高強度運動一小時可以消耗 500 卡熱量，但是你連半個小時都堅持不了，也就只能消耗 250 卡，最後還會弄得自己很累，反而會導致放棄。

第 4 節 確定你的減肥週期

Question1：減肥週期應該多長？

計算公式是：你的現有體重 - 你的理想體重＝總減重量

減肥的體重最好再往下算 1 ～ 1.5 公斤（因為體重會反彈，所以要留出反彈的量）。

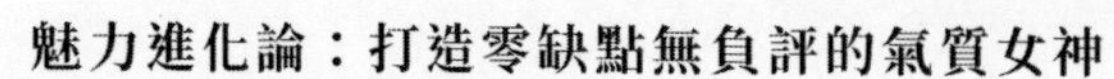

建議你每週減重 0.5 ～ 1 公斤，這是比較健康的狀態。（根據基數不同而不同，65 公斤以下都算是小基數，每週減 0.5 公斤已經很好了；65 公斤以上可以每週減 0.5 ～ 1 公斤），美國運動醫學會給的標準是每週減重 1~3 磅（1 磅＝ 0.4536 公斤）。

例如你現在的體重是 65 公斤，你預計減到 52.5 公斤，那麼你需要減的體重是 12.5 公斤。以一週 0.6 公斤的速度，你的減肥週期大約是 21 週，不到半年。

如果超過這個額度，對你身體健康造成負面影響的機率就會增加。

一般來說，減肥至少要持續 3 至 6 個月，才能有很好的效果。

Question2：短時間內快速減肥能做到嗎？

當然能！但是這樣會透支你的健康，而且會損害你的基礎代謝。即使減下來了，也會很快反彈回去。

所以，與其幻想一下子就瘦下來，還不如踏踏實實地，以固定頻率減重。最重要的是在減肥過程中，養成良好的生活方式。

減肥初期（例如減肥週期的前 3 個月）控制飲食的效果比較明顯，到了後期，運動的效果會變得顯著。

而且減肥成功之後，通常還需要透過運動來控制體重，以保持瘦下來的身材。

第 5 節 最佳運動頻率：每週 6 天 ×60 分鐘

減肥是所有能量消耗的綜合，需要的運動頻率比較高，一週要達到 6 到 7 天。

美國運動醫學會（ACSM）給出的建議是，如果要減肥，那麼每週至少要訓練 5 天，最好是 6 至 7 天，而且每次的訓練時間要不少於 30 分鐘，30 分鐘就是減肥的底線了。

要達到較好的減肥效果，最好是每週運動 7 天，每次運動 60 ～ 90 分鐘。

普通人的日常活動也可以算進這個時間裡，所以純運動達到 60 分鐘時，減肥的效果就出來了。

前面提過，減肥最重要的就是能量的支出超過攝取，這叫做負平衡。

要達到負平衡，除了透過運動增加消耗，還要透過控制飲食來控制攝入。

如果不控制飲食，運動過後，身體能量的消耗會導致食慾旺盛，不控制你就會一直吃。這樣雖然能量消耗了，但是你吃的卡路里也會增加，一減一增，很難實現負平衡，所以身體也不會瘦。在減肥和運動的過程中，一定要運動結合飲食控制。

那麼什麼運動減肥效果較好？

· 全身都要參與其中。

· 可以持續運動。

· 對關節壓力要小。

同時滿足上述 3 個條件的運動，減肥的效果是最好的，例如游泳、慢跑、自行車、划船機、橢圓機等。

現在最流行的減肥方法是 HIIT，高強度間歇性運動，但是 HIIT 的實用性在我看來有待商榷。雖然 HIIT 能提高你在單位時間內的能量消耗，但是 HIIT 本身強度很大，會對身體造成負擔，所以大多數人根本無法堅持下去。

而慢跑、橢圓機、自行車、游泳等，這些運動則沒有這個問題。雖然強度很小，單位時間內的卡路里消耗並不多，但是這類運動造成的生理壓力也小，有助於長時間作戰。你可以在橢圓機上跑 1 個小時，也可以游泳 1 個小時，甚至 2 個小時，都不會造成太大壓力。每天堅持 1 個小時以上，長期累積，你消耗的總能量會很高。

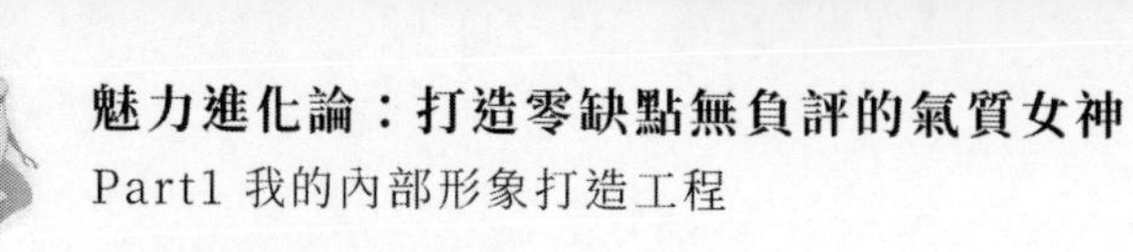

第 6 節 28 天健美體型訓練計畫

1. 制定運動計畫

在制定運動計畫之前，有一個前提，就是確認你的身體是健康的。例如，你的關節沒有損傷，也沒有腰部、頸部等導致運動受限的問題。你有定期體檢，心臟也十分健康。

如果身體體質不行，還強行鍛鍊，造成的後果可能是非常嚴重的。

運動頻率：一週 5 ～ 6 次，中間休息一天（如表 2-2 所示）。

週期：4 週 28 天，每次 60 ～ 90 分鐘。28 天後你已經養成了良好的運動習慣，這時就需要調整運動計畫表。

減肥原理：抗阻力訓練（無氧訓練）結合有氧訓練。

2. 運動流程

第 1 步：熱身（10 ～ 15 分鐘）

熱身是為了在接下來的運動中不受傷，所以每個部位都要充分活動。

充分活動全身關節，輔以簡單的柔韌性訓練。

重點部位：頸部、腕部、肩部、膝蓋、腰部、踝關節

第 2 步：無氧訓練（10 ～ 15 分鐘）

依次訓練自己的胸部大肌群、腿部和臀部肌群、腹部肌肉和肩背部肌群。

要點在於循序漸進，把每個動作都做到位。一開始可以選擇其中一至二項做。訓練後期，肌肉力量增強，可以試著增加項目。

第 3 步：有氧訓練（30 ～ 40 分鐘）

燃脂的關鍵步驟，目標是提升心率。一定要達到燃脂心率，才有減肥效果。

第 4 步：伸展（5 ～ 10 分鐘）

伸展是最後一步，同時也是不可缺少的一步。認真做伸展，能夠使你的鍛鍊效果事半功倍。

表 2-2—週鍛鍊規畫

	項目	時間	內容	要點
週一	熱身	5~10 分鐘	充分活動全身關節，輔以簡單的柔韌性訓練。重點部位：頸部、腕部、肩部、膝蓋、腰部、踝關節	熱身是為了在接下來的運動中不受傷，所以每個部位都要充分活動。
	無氧	10~15 分鐘	訓練胸部大肌群可選運動：10 個伏地挺身 x3 組，中間休息 10 秒	循序漸進，把每個動作都做到位
	有氧	30~40 分鐘	跑步機、橢圓機均可，訓練 30 分鐘以上	心率要達到最佳燃脂心率
	伸展	10~15 分鐘	充分伸展肌肉	
週二	熱身	5~10 分鐘	充分活動全身關節，輔以簡單的柔韌性訓練。重點部位：頸部、腕部、肩部、膝蓋、腰部、踝關節	熱身是為了在接下來的運動中不受傷，所以每個部位都要充分活動。
	無氧	10~15 分鐘	訓練腿部 + 臀部肌肉 可運動： 深蹲側抬腿 20 次、箭步蹲左右腿個 10 次 站姿後抬腿 15 次、橋式 20 次 以上各做 2 組，中間休息不要超過 1 分鐘	一開始可以選擇其中一至兩項做。訓練後期，肌肉力量增強，可以試著增加項目。
	有氧	30 分鐘	可選擇運動： 原地開合跳 30 個 2 組、高抬腿 1 分鐘 橢圓機、跑步機 以上可以組合運動	心率要達到最佳燃脂心率
	伸展	10~15 分鐘	充分伸展肌肉	
週三	熱身	5~10 分鐘	充分活動全身關節，輔以簡單的柔韌性訓練。重點部位：頸部、腕部、肩部、膝蓋、腰部、踝關節	熱身是為了在接下來的運動中不受傷，所以每個部位都要充分活動。
	無氧	10~15 分鐘	訓練肩部 + 背部肌肉 彈力繩划船、引體向上 以上各做 2 組，中間休息不要超過 1 分鐘	一開始可以選擇其中一至兩項做。訓練後期，肌肉力量增強，可以試著增加項目。
	有氧	30 分鐘	可選擇運動： 原地開合跳 30 個 2 組、深蹲走 10 米 俯臥撐跳 30 秒、高抬腿 1 分鐘 橢圓機、跑步機 以上可以組合運動	心率要達到最佳燃脂心率
	伸展	10~15 分鐘	充分伸展肌肉	
週四休息				

週五	熱身	5~10 分鐘	充分活動全身關節，輔以簡單的柔韌性訓練。 重點部位：頸部、腕部、肩部、膝蓋、腰部、踝關節	熱身是為了在接下來的運動中不受傷，所以每個部位都要充分活動。
	無氧	10~15 分鐘	訓練腹部肌肉 棒式 50 次、屈膝屈髖臥卷腹 30 次 仰臥抬腿 30 次、仰臥屈膝 20 次 站姿側屈左右 30 次 以上任選各做 2~3 組運動，各做 2 組，中間休息不要超過 1 分鐘	一開始可以選擇其中一至兩項做。訓練後期，肌肉力量增強，可以試著增加項目。
	有氧	30 分鐘	可選擇運動： 原地開合跳 30 個 2 組、高抬腿 1 分鐘 橢圓機、跑步機 以上可以組合運動	心率要達到最佳燃脂心率
	伸展	10~15 分鐘	充分伸展肌肉	
週六休息				
週日	熱身	5~10 分鐘	充分活動全身關節，輔以簡單的柔韌性訓練。 重點部位：頸部、腕部、肩部、膝蓋、腰部、踝關節	熱身是為了在接下來的運動中不受傷，所以每個部位都要充分活動。
	無氧	10~15 分鐘	訓練腿部 + 臀部肌肉 可選運動： 深蹲側抬腿 20 次、箭步蹲左右腿個 10 次 站姿後抬腿 15 次、橋式 20 次 以上各做 2 組，中間休息不要超過 1 分鐘	一開始可以選擇其中一至兩項做。訓練後期，肌肉力量增強，可以試著增加項目。
	有氧	30 分鐘	可選擇運動： 原地開合跳 30 個 2 組、高抬腿 1 分鐘 橢圓機、跑步機 以上可以組合運動	心率要達到最佳燃脂心率
	伸展	10~15 分鐘	充分伸展肌肉	

第 3 章 美人在骨也在皮：畫皮的藝術

化妝是一門藝術……我在開始學化妝時買了許多本《教你學化妝》的圖文書，但是並沒有得窺門徑。學習任何技能都需要先學習理論，而不是單純地看圖學化。

即使你看圖學會了化妝，但是化妝的基礎知識，例如粉底的選擇、妝前的選擇、完整化妝的步驟等仍是需要一步步學習的。

初學化妝，很容易在產品的選擇上「踩雷」。

總而言之，這一章是初級的妝容科普章，適合彩妝新手及不知道怎麼化妝、想要學化妝但是不知道從哪裡開始、剛學會化妝但是化得不是非常好的人……不適合熟練的彩妝高手。

第 1 節 如何打造一套完整妝容？

Question1：完整妝容的順序是怎樣的？

一套完整的化妝步驟包括以下幾步驟（如表 3-1 所示）。

表 3-1 一套完整的化妝步驟

護膚環節	保濕：包括洗臉、水、乳、護唇膏 防曬：擦足量的防曬霜
底妝環節	妝前乳—隔離、打第一粉底—遮瑕—腮紅—高光—修容—蜜粉 (蜜粉式妝容的最後一步)
(眼部) 彩妝環節	眼步打底—眼影—眼線—夾睫毛—假睫毛—睫毛膏—梳理眉毛 (刷眉毛) —眉粉、眉筆 (描繪眉毛) —唇膏—唇彩

其中，護膚與防曬同為保養步驟。

「妝前乳——粉底——遮瑕——蜜粉」屬於底妝步驟，是為了營造好膚質而做的基礎工作，為整個妝容打底。

修容餅、修容和腮紅嚴格來說都可以歸為底妝，事實上它們都是為了修飾底妝。

底妝是整個妝容的重中之重，好的底妝決定了整個妝容的好壞，在日常生活中只要把底妝畫好，那麼眉眼部妝容都可以從簡。

底妝是最需要花費金錢和力氣的，眼影和腮紅都可以用價廉的，但是底妝卻不能省錢。相對來說，底妝也是非常容易「踩雷」的，沒有適合所有皮膚的底妝品，所以底妝我會花最多篇幅來講解。

日常化妝可以根據需要省略其中的許多步驟，不太著急時我的日常妝步驟是：護膚——防曬——妝前乳——粉底——腮紅——修容餅——蜜粉——唇膏。

這一套下來需要 10 分鐘。

如果我急著出門，則會精簡為：護膚——防曬——妝前乳——蜜粉——唇膏（唇彩）。這一套下來只需 3 到 4 分鐘。

Question2：補妝工具包裡帶什麼？

無論妝化得多精緻，外出時都需要攜帶補妝工具。眼影、口紅、眉筆、修容餅、腮紅、粉餅、紙巾和棉花棒都是補妝工具包中不可缺少的東西（如圖 3-1 所示）。

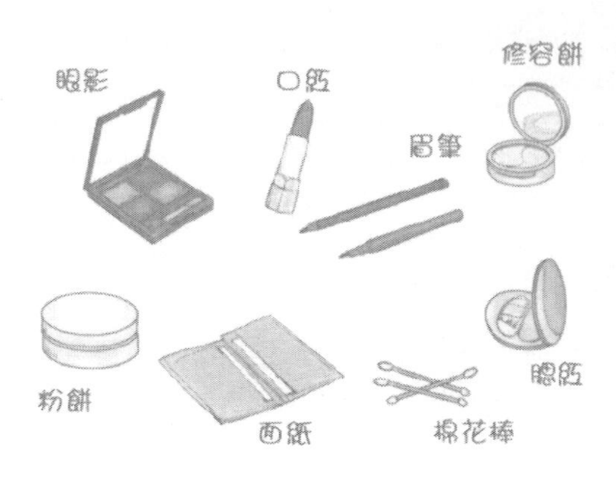

圖 3-1 補妝工具包

Question3：如何選擇適合你的眉型？

眉毛非常重要！整齊漂亮的眉毛可以直接把美貌度提高一個等級，比較懶的女孩子只要修修眉毛、塗塗唇膏，整個精氣神就會不一樣。

眉型與臉型有很大的關係，不同的臉型適合不同的眉型。

挑眉：適合圓臉，整體偏短的臉。挑眉能夠拉長臉部比例，中和視覺效果。瑪麗蓮夢露的臉兼具天真和性感，如果沒有這一副挑眉，她的臉就顯得過於孩子氣了，挑眉增加了她成熟女人的味道（如圖 3-2 所示）。

柳葉眉：柳葉眉是指具有一定弧度，又不是挑眉角度那麼尖銳的眉毛。柳葉眉適合大多數臉型，不過更適合完美的鵝蛋臉。伊麗莎白．泰勒就是柳葉眉（如圖 3-3 所示）。

許多女孩在修眉毛的時候，一不小心就會把眉毛修得特別細，想再補救都來不及了。所以修眉毛之前，要先用眉筆把自己想要修成的眉型畫出來，然後再一點點慢慢修。修眉是個需要技巧才能完成的工作，靠的就是慢工出細活。

圖3-2 瑪麗蓮夢露

圖3-3 伊麗莎白．泰勒

形狀自然的眉毛需要滿足以下特徵：有一定寬度，太細的眉毛顯得過於刻薄；適當的弧度，太挑、太直都顯得生硬，而具體的弧度則須根據臉型來決定；最後是要與髮色接近。

如果你的眉毛過於稀疏，眉粉就是你的救星。

第 2 節 底妝的成敗決定妝容的成敗

Question1：為什麼說底妝的鋪墊是護膚？

化妝之前要先洗臉、擦化妝水加乳液等保養品，如果沒有擦保養品就直接上妝必然會引起妝面不服貼、脫屑、浮粉等問題。

擦化妝水及乳液之後就是防曬，許多人認為妝前乳或者粉底帶有 SPF 係數就不用額外擦防曬霜了，這是絕對錯誤的！

不光是妝前乳隔離、粉底那點兒防曬係數不夠，就是防曬霜，最重要的一點也是要用夠量，通常每平方公分 2 毫克的量才能滿足需求。所以不論粉底和隔離霜有沒有防曬係數，防曬霜都是必不可少的。

Question2：為什麼我不建議使用 BB 霜？

BB 霜剛開始流行時，我還在上國中，那時非常流行一個品牌的 BB 霜。某天我的好友問我她有什麼變化，我仔細看了看她，覺得她的臉色好了，皮膚也白了！然後她激動地告訴我某 Z 牌的 BB 霜。

下課後我也趕緊去買了一支。那幾年，好像女學生們的 BB 霜都是那個牌子的。好像擦 BB 霜，是許多少女們化妝的開始。

不像現在，九年級生已經在網上發布教人化妝的影片，而且有幾十萬的粉絲。

簡單來說，雜牌的 BB 霜都不要買！淘寶上有許多根本找不到註冊商標的 BB 霜，號稱是韓國、日本等國的，其實到了當地根本找不到，都是無生產日期、無品質標章、無生產公司的來路不明產品。

還有許多小公司生產的 BB 霜，隨便註冊個牌子就開始賣，不說效果，其安全性就令人擔憂。

BB 霜作為底妝的一種，其實是最簡單的。如果要選擇 BB 霜，就選擇大牌子的 BB 霜，至少品質有保證。

實在懶得化妝的女孩子，可以使用 BB 霜，但是每天一定要卸妝！我見過許多使用 BB 霜的女孩子不卸妝，導致皮膚整片脫屑、長痘。

雖然大牌子的 BB 霜安全性值得信任，但我還是建議能不選擇 BB 霜就不要選擇，原因如下：

· BB 霜顏色少。

人與人之間的膚色差距非常大，有的膚色偏暖，有的膚色偏冷，有的膚色偏黃，有的膚色偏粉。

而粉底往往分為十幾種色調，你可以選擇黃一調，黃二調，或者粉一調，粉二調……，無論你是什麼膚色，都可以找到和自己膚色冷暖深淺完美結合的粉底。

但是 BB 霜往往只有二、三種色調選擇。也就是說，你只能在極其有限的範圍內找到適合自己膚色的 BB 霜，上妝之後不是太白，就是太黃，如果冷暖色調弄錯了，可能上妝之後就會發灰，像面具一樣扣在臉上。

我注意到許多女孩選擇 BB 霜，是因為 BB 霜抹上以後「會變白」，而不是「會均勻膚色」，而底妝產品最重要的作用應該是「提亮」和「均勻膚色」。

· 大部分 BB 霜都很難解決「不自然」這個問題。

許多女孩子不敢化妝，是怕「化妝以後皮膚變得不好」。但根據我的經驗，只要做好皮膚保養，不省略防曬和隔離，選擇優質可靠的彩妝產品，做好卸妝，皮膚並不會變差。

那些化妝後皮膚變差的女孩，往往是因為忽略了一個或幾個步驟。要麼本身就疏於保養，要麼沒有用隔離和防曬，要麼選擇了劣質的化妝品，但更多的是卸妝工作沒有做好。

現在的化妝品越做越好，許多知名品牌牌化妝品對皮膚的傷害很小。如果經濟條件允許，黛珂或者肌膚之鑰等品牌的粉底是不錯的選擇。

無論是否化妝，保養皮膚都是重中之重。化妝做到的只是錦上添花，如果皮膚問題嚴重，就應該先解決皮膚本身的問題。

衰老不可避免，但是保養往往可以延緩衰老，能讓你看起來更年輕。

Question3：不用 BB 霜可以用什麼？

BB 霜的最佳替代品就是隔離霜，英文叫做 Make-up Base，顧名思義，作用就是打底。隔離霜比粉底更加輕薄，用在粉底和防曬之間。

隔離霜也有修飾毛孔的功效，不過隔離霜最大的作用是使粉底更好上妝，有些粉底比較乾，選擇潤澤一點的隔離霜就能使粉底更貼合、更完美。

對於大多數女性來說，隔離霜都適合日常使用！尤其是皮膚好的女性，平時塗一層隔離霜加蜜粉即可出門，這樣的妝容更輕，更自然。

但是隔離霜對痘痘、暗瘡和斑點是無能為力的，遮蓋這些瑕疵就需要粉底和遮瑕膏齊上了。

粉底的優勢在於遮蓋力更強，同時也比隔離霜更厚重，妝感更實。

Question4：如何選擇適合自己的妝前？

強調一下，沒有哪款彩妝產品適合所有肌膚，乾性肌膚和油性肌膚需要的彩妝品（主要是指粉底類產品）是完全不一樣的。

許多女性的底妝達不到自己預期的效果，其實是因為選錯了妝前。與其在底妝產品裡大海撈針，還不如選擇一款適合自己膚質的妝前。好的妝前能夠對底妝造成非常大的作用，是完整妝容中最重要的一步。

乾性肌膚底妝的主要訴求是保濕。

油性肌膚底妝的主要訴求是控油。

遮瑕度則是根據需要來選擇。

好的妝前能夠讓你的底妝更加完美，那麼如何選擇適合自己的妝前呢？

如果你是油性肌膚就選擇有控油功效的妝前，如果你是乾性肌膚就選擇能夠補水保濕的妝前，如果是混合性肌膚就在出油的地方（比如 T 字部位）塗抹控油妝前，而在會乾的地方使用保濕的妝前（例如臉頰）。

還有一些其他肌膚問題，例如暗沉、蠟黃等，都可以找到相對應的妝前。

第 3 節 挑選粉底前，先做這些功課

1. 粉底的作用

粉底最大的作用不是讓你變白，而是均勻並提亮你的膚色！

大多數人的膚色都不均勻，比如我，就是臉頰最白（因為那裡永遠不會忽略防曬），下巴和額頭有點暗沉，鼻翼的邊邊角角也有點暗沉。很多女孩的情況也差不多，使用粉底之後這些暗沉的地方會被提亮，整體膚質就會變好，氣色也能變佳。

化妝新手很容易犯的一個錯誤，就是選擇比自己膚色更白的粉底，結果導致上了粉底反而顯得很不自然，並且還會出現脖子和臉顏色不一的尷尬情況。

所以，粉底要選擇最接近自己膚色的、最能和自己肌膚融合的顏色，並且脖子也要塗上粉底。

2. 粉底的價位

選擇什麼價位的粉底比較適合？

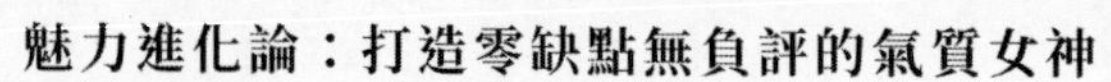

我的答案是：看你的預算。如果你計畫用 800 元購置化妝品，那麼要分配 500 元在底妝上；如果計畫用 1000 元，那麼就可以分配 700 元在底妝上；如果只有 500 元，那麼至少也要花 300 元在底妝上。

底妝絕對是一分錢一分貨的產品，有的女性花大錢買名牌口紅，然後底妝就隨隨便便買個幾十元到一百多元的 BB 霜，這無疑是本末倒置。

當然不是說買貴的口紅不好，而是在 CP 值上，貴的底妝往往超過貴的口紅。

如果預算夠，當然所有產品都可以買貴的。不過這麼做其實沒必要，尤其是眼線液、眼影，很多開架商品也很好用。我就有過這樣的教訓，花大錢買了很多限量版的眼影、口紅，但是出來的效果始終有限。想想浪費的錢，還真是讓人心疼。

如果預算有限，那麼請把錢花在刀口上，底妝品越貴越好。好的底妝品會把對皮膚的損害和負擔降到最低。

換個角度想，我們只有一張臉，平時用那麼多昂貴的保養品伺候它，結果要化妝了，卻讓那些便宜的 BB 霜在臉上一待就是大半天，多不划算。

雖然化妝不會毀掉肌膚，但是不好的底妝產品絕對會毀掉肌膚的！

底妝也是整個妝容中最重要的部分，化妝和畫畫有時候很像，底妝不好，就好比在粗糙發黃的紙上畫山水畫，效果可想而知。

好的粉底很耐用，一瓶粉底液 30 毫升，若以一個星期化妝 4 天來算，往往可以用上大半年，以每天的均價來看，就不會覺得貴了。

3. 粉底的質地

粉底液、粉凝霜和粉餅，三者的流動性逐漸降低。通常情況下，粉餅更控油，更適合油性皮膚；粉底液適合大多數膚質，乾性肌膚、油性肌膚都可以使用；粉凝霜則相對來說更滋潤，更適合乾性肌膚。

那麼該如何分辨粉底是不是適合自己？

如果上妝後臉部與頸部色差太大，就可以肯定選擇了錯誤的粉底顏色。如果上妝後臉色暗沉或者發灰，則可以肯定是粉底的冷暖色不適合你。

第 4 節 讓粉底成為你的第二層肌膚

粉底的顏色選擇非常重要，如果選擇的顏色剛好和你的膚色一致，那麼出來的效果就是整個底妝都非常乾淨，臉色透亮。

而選錯顏色，則是造成妝容有面具感的主要原因。另外，選錯粉底顏色還會造成臉和脖子色差大、臉色暗淡等問題（暗淡是指光澤，而不是膚色）。

選擇粉底分為兩步：第一步，確定冷暖色；第二步，確定色號。

Question1：如何確定皮膚的冷暖色？

對於底妝來說，冷暖色非常重要，如果冷暖色選錯了，那麼底妝的效果往往慘不忍睹。

選擇粉底的第一步，是確定自己肌膚的冷暖色；第二步，是確定自己肌膚的顏色深淺。

所以說底妝一定要去專櫃試，冷色的肌膚適合粉色調的粉底，暖色的肌膚則適合黃色調的粉底。在專櫃試好粉底後不要急著買，過一兩個小時再決定。有的粉底剛上妝時感覺不錯，過一段時間就會發灰，讓臉色看起來很髒，這就說明冷暖色或者顏色不對，需要重新選擇了。

如何確定自己皮膚的冷暖色呢？

方法 1：挨凍以後判斷冷暖色

回想一下冬天最冷的時候，自己的臉被凍得發疼時臉色是發青還是發紅？如果臉色發青，那麼你就是暖色肌膚，如果臉色發紅，那麼你多半是冷色肌膚。

好像大多數白種人挨凍以後臉色都發紅，所以白種人中冷色皮膚更多。而我們黃種人挨凍以後大多數人臉色發青，所以黃種人中暖色皮膚較多。

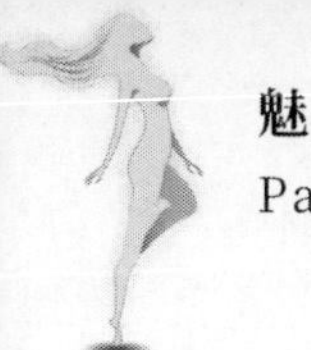

須注意的是，冷暖色與膚色深淺無關。

方法2：金色、銀色判斷冷暖色

透過自己適合的金屬色來確定皮膚的冷暖色是個好方法。

你是適合金色的首飾，還是銀色的首飾呢？冷色肌膚的人戴黃金會顯得有點俗氣，而戴白金更能襯托冷色肌膚的美；暖色肌膚的人戴白金會常常被人問：是銀的吧？因為暖色肌膚不適合銀色，白金在暖色肌膚的人身上會顯得有點暗淡。

所以說，大多數黃種人佩戴黃金更好看，而白種人佩戴純金首飾的就很少，因為他們也知道自己不適合。

方法3：衣服判斷冷暖色

你最喜歡的衣服是冷色還是暖色？你穿冷色還是暖色更常被人誇獎？你的衣櫥裡是冷色系服裝居多還是暖色系服裝居多？

通常，答案是冷色的，你就是冷色肌膚，答案是暖色的，你就是暖色肌膚。

方法4：觀察血管判斷冷暖色

在陽光下觀察自己手腕處的血管，血管顏色呈青綠色的是暖色肌膚，呈藍紫色的是冷色肌膚。

觀察血管的時候，要多和旁邊的人比對。可能你覺得是藍紫色，但是和旁邊的人一對比，就會發現更偏青綠色。

不過更有可能比不出什麼，因為亞洲人本來就是暖色肌膚居多，大家都是青綠色，當然比不出什麼啦。

方法5：最可靠的辦法：專櫃試色！

試色的時候，要同時抹粉色系和黃色系的粉底在手臂上，逛一個小時之後再看看它們和皮膚的融合度。

這時有以下兩種可能：

a. 黃色的粉底已經融入了膚色，幾乎看不出來，而粉色的粉底變的灰黃，那麼你就是暖色。	你是暖色皮膚
b. 黃色的粉底看起來非常突兀，顏色變得更深，而粉調的粉底則有和膚色渾然一色的感覺。	你是冷色皮膚

選粉底不容易，僅確定冷暖色就是個大工程。冷暖色確定了，就可以選擇粉底的深淺色了。

Question2：如何確定粉底的色號？

確定冷暖色之後，就可以選擇色號了。

你的皮膚有多白，你就要用多白的粉底。

首先判斷自己是粉色系還是黃色系，其次判斷自己是屬於第一白、第二白還是第三白。

很重要的一點是，雖然說一白遮三醜，但是粉底是無法真正讓你變白的，所以千萬不要抱著想變白的想法去選粉底，不要因為想看起來更白，就盲目地選擇最白色號的粉底，那絕對達不到你的目的。

粉底的意義是什麼？

答案是均勻你的膚色，遮蓋臉上的瑕疵，為整個妝底打好基礎，使皮膚看起來幹乾淨淨的。

「看起來變白」只是很小的一個訴求，提亮和均勻才是主要的訴求。

有句話說得很好：當女人願意放棄最白色號的粉底時，說明她對自己的肌膚有了正確的認識。

千萬不要以為自己的肌膚比身邊人的肌膚白，就認定自己是冷色肌膚。在微博上，我發現大多數彩妝博主都宣稱自己是冷色肌膚，哪有那麼多冷色肌膚！

即使確定了自己的肌膚是冷色調還是暖色調，還是要去專櫃試色，以試色的效果決定一切。

選擇比自己所適合的粉底更白的粉底色號會帶來什麼後果？

A. 臉色慘白，非常不自然。

B. 和頸部有巨大的色差。

粉底的色號要適合自己的膚色，最好的妝效是粉底幾乎融入肌膚，讓別人看不出你上了底妝，以為你天生皮膚就是這麼好。

這才是你應該追求的底妝效果。

Question3：什麼時候可以選擇最白色號？

你是人群中絕對的白皮膚，幾乎看不到比你更白的人，這時你可以選擇最白色。

80%的亞洲女人適合第二白或者第三白。

而且非常有可能的是，即使是第二白色號，塗上臉之後還是會比你本身的膚色淺，能造成提亮膚色的效果。

不過，也不要因為怕白而去選擇比自己膚色深的粉底，它會讓你看起來很暗淡。

不同品牌、不同系列的底妝色號有可能完全不一樣，很可能這個品牌的這個系列你用最白，另一個品牌你就要用第二白的色號。具體需要自己去專櫃試。

Question4：粉底無法遮住的瑕疵怎麼辦？

使用遮瑕膏能夠讓你看起來更完美。

每個女孩子臉上都有或多或少的瑕疵，臉上沒有瑕疵的那是橡膠人。

大家的瑕疵大同小異：痘痘、斑、痘疤、局部暗沉（例如嘴角或者鼻翼）、黑眼圈等。

針對這些瑕疵，僅僅用粉底是不夠的，還需要用遮瑕膏來化腐朽為神奇。

遮瑕膏的顏色選擇和底妝顏色選擇差不多，暖色肌膚挑黃色系遮瑕膏，冷色肌膚挑粉色系遮瑕膏。

特別要注意的是，眼部要有單獨的遮瑕膏，眼部遮瑕膏的顏色要慎重選擇。

眼部遮瑕膏一定要和臉部遮瑕膏分開，選擇專門的產品，這是因為：第一，眼部的瑕疵比較特殊（黑眼圈通常比較重，普通的遮瑕膏往往沒有效果，使用眼部遮瑕膏的話，有修飾和中和黑眼圈的效果）；第二，眼下的皮膚更容易乾和起皺紋，所以眼部遮瑕膏要更滋潤。

眼部遮瑕膏的顏色選擇也非常重要！

暖色肌膚的黑眼圈常常是發青綠色的，而冷色肌膚的黑眼圈常常發青紫色。如果你自己無法判定，那麼在自然光線條件下，用高畫質相機對著自己拍一張照，從照片上看，什麼顏色就非常好分辨了。

青綠色的黑眼圈如果選擇了粉色系的遮瑕膏，那出來的效果就像是電視劇中殭屍的眼妝，要多驚悚有多驚悚。

第 5 節 如何解決脫妝、暈妝和暗沉？

Question1：為什麼眼部會暈妝？

眼部暈妝有可能是因為眼皮出油，眼睛形狀的不同也會造成眼皮出油度的不同。如果上眼皮比較厚，那麼眼部妝容的摩擦就會更厲害，比如下垂眼和腫眼皮都容易暈妝。

同時，在化妝之後，你要注意自己的表情，不要笑得太用力，也不要用手揉眼睛，總之自己的上下眼皮不要經常摩擦。如果眼部暈妝厲害，可以隨身攜帶小包裝的眼霜、棉花棒和化妝棉，用棉花棒蘸取少量眼霜即可把暈妝的地方擦掉，然後再進行眼影等補妝。

眼部暈妝有時是不可避免的，畢竟沒有可以持久的完美妝容，只有養成時時修正的習慣，才能保持完美狀態。

Question2：為什麼底妝會暗沉？

底妝暗沉的原因有三個：

原因一，出油會使你的底妝斑駁脫落，顯得非常骯髒且不均勻，解決的辦法就是使用控油的妝前產品，在塗抹粉底之後，再使用控油的蜜粉。根據皮膚出油的程度，選擇不同的控油產品，可以從網上尋找評價，然後根據自己的情況多嘗試。

原因二，底妝完成後，往往會氧化，如果抗氧化做得不好，底妝很快就會變得暗沉，所以需要使用有抗氧化功能的妝前來彌補，比如肌膚之鑰的美白隔離。

原因三，粉底色號選得不合適。如果你選擇的粉底不適合自己的膚色，剛上妝時可能看不出來，但過一段時間底妝與皮膚融合之後，就會明顯看出粉底的顏色和臉色不協調，非常怪異。

所以，如果你的底妝暗沉，你需要仔細分析自己的情況，是出油、抗氧化工作沒有做好，還是色號選得不合適。

化妝這件事情，個體差異非常之大，一般底妝問題的解決辦法還有這些（如表 3-2 所示）。

表 3-2—般底妝問題的解決辦法

暗沉的解決辦法	使用抗氧化的妝前乳	推薦：肌膚之鑰美白隔離
	選擇適合自己的粉底色號	
	使用控油的產品	
出油的解決方法	使用主打控油的妝前乳	推薦：SOFINA 妝前乳/Laura Mercier 蜜粉
	使用主打控油的蜜粉	
乾、卡粉、脫皮的解決方法	好好護膚，沒做好皮膚滋潤，就容易卡粉。如果皮膚狀態特別差，粉底能夠做到的其實非常有限。	推 薦：Covermark 水瀅隔離、RMK 絲絹隔離
	使用滋潤型的妝前乳來打底。	
	不要用太控油的蜜粉。比如 Laura Mercier 蜜粉，我用就太乾，所以我只用在 T 字部位。	

第 6 節 不同場合，不同口紅

Question1：你需要多少支口紅？

亦舒曾在一本書中這樣描述口紅：

比穿華服更有效，萬試萬靈。一抹上口紅，就比較獲得尊重。幼兒會仔細凝視塗上鮮豔口紅的女士，表示好感，願意接受擁抱。銷售人員見到客人有紅唇，立即滿面笑容前來打招呼，彷彿認定這是一個捨得消費的人。到了銀行區、市中心，口紅更是少不了，不化點妝，像是無心過活，最簡易的化妝，便是花 10 秒鐘抹上口紅。

不過塗口紅也得花點心思：豆沙色永遠最安全，黑玫塊紫再流行，通常不適合家庭主婦，銀粉紅色只有塗在 18 歲的小腫嘴上才好看，亦不必考慮……，朋友膚色雪白，大有資格在口紅上變花樣，橘黃色、大紅、淺紫，全有，有一日，她忽然抹上柚木地板那樣的深咖啡色口紅，叫人看了不住眨眼。一種不脫色的新牌子實在值得捧場，它是真的不會沾染到茶杯或吸管上，

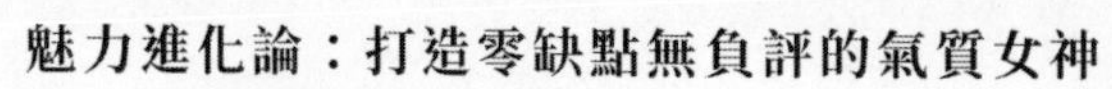

不過吃完螃蟹，也得補一補。在所有化妝品中，口紅銷售最佳，每個女生，都起碼擁有三、四支口紅。

注意上面的話：豆沙色最安全，黑玫瑰紫再流行也不適合家庭主婦，銀粉紅色只適合 18 歲的少女。

口紅可不是隨便拿一支就能往嘴上塗的。

在去年火紅的韓劇《來自星星的你》中，全智賢飾演一位造型百變的超級明星，衣服不斷地換穿，但口紅的顏色卻很少改變，幾乎沒有擦過任何特別的顏色（如圖 3-4 所示）。

圖3-4《來自星星的你》劇照

但是她的口紅顏色，卻帶動了一大批類似色口紅的暢銷，被稱為《星你》色。所以說，你也不需要很多支口紅，有幾支適合自己的就可以了。

通常你需要：一支大紅色口紅適合特殊場合和精心打扮，一支豆沙色口紅上班，一支粉色、一支粉橘色口紅約會，一支紅色唇彩應急，這就足夠了。

如果皮膚夠白，可以再加一支橘色口紅。

我曾看過一句話：「在化妝品的世界裡，你隨隨便便新開啟一個領域，就得花錢。原來你不塗口紅，一旦你買了第一支口紅，你就會有一萬個喜歡的顏色。你會從小雛菊這種入門級一路噴到殿堂級；你會從單色眼影一路狂飆到大師級眼盤；你會從 BB 霜升級到粉底、蜜粉、修容餅；護膚品從開架式到貴婦級；慢慢感覺身體乳、洗髮精都要用好的。」這句話充分說明了女人對化妝品的天然喜愛，但是對於口紅來說，真的沒必要買那麼多。

Question2：為什麼不同場合，要選擇不同的口紅？

沒有比在工作場合烈焰紅唇更可怕的事情了，不同的場合使用不同的口紅是最基礎的禮貌和規則。上班時應使用低調的口紅顏色，比如玫瑰色的口紅，會顯得氣色很好。

上班時不適合塗亮晶晶的唇彩和豔麗的顏色，那些閃亮的唇彩留到約會或者和朋友一起出去玩的場合吧！

· 不要參考網上的唇膏試色

許多女孩在買唇膏之前，會參考網上的試色，一些韓國彩妝博主的試色看起來非常漂亮，白白的臉上，畫著鮮豔的唇妝。但是網上的唇膏試色，參考度是非常低的，因為她們拍照時，光都打得非常亮，導致拍出來的顏色都會淺好幾度，何況她們在拍完照片後，還會 PS，把自己 P 得更白更美。如果參考她們的試色去買唇膏，塗到自己的嘴上就會發現根本不是那麼回事。喜歡看化妝教學的女孩們，可以參考一下她們的化妝手法，顏色之類就不要當真了。

第 7 節 腮紅：讓你容光煥發的仙女棒

腮紅是真正能讓你容光煥發的仙女棒。

1. 顏色：粉色還是橘色？

腮紅顏色的選擇要比其他彩妝更簡單，日常就兩種類型的顏色：粉色或者橘色。

整體來說，粉色腮紅會讓你的臉更粉嫩，讓你看起來更年輕，而橘色腮紅會使你看起來更有活力，元氣滿滿。

那些重口味的顏色，例如紫色腮紅，初學者就不要嘗試了，很難看。

對於日常妝來說，我覺得粉色腮紅比橘色腮紅更好駕馭。因為橘色是個很難駕馭的顏色，無論是橘色唇膏還是橘色腮紅，用得好就會顯得元氣滿滿，臉會可愛得像個蜜桃，但是用不好看起來就會像個黃臉婆。

所以說，橘色腮紅選擇一款適合自己的就可以，而粉色腮紅可以多準備兩款，一款偏可愛粉嫩，約會時用；一款偏沉穩（例如現在很流行的偏磚紅的粉）上班時用。腮紅也是需要多嘗試的！

其實粉色腮紅裡也有顯白的粉和不顯白的粉，需要你自己親自嘗試。

2. 質地：腮紅膏、腮紅粉和腮紅液

從質地上來說，目前市面上的腮紅主要有三種質地：粉狀腮紅、膏狀腮紅和液體腮紅。

從三種腮紅上妝的難度來說，粉狀腮紅最好用，最容易上手，持久度適中，顏色的選擇最多。粉狀腮紅各方面都很均衡，也最適合新手使用。

膏狀腮紅比粉質腮紅需要更好的技術，同時持久度也不算好，比較容易掉，不推薦新手使用。

液體腮紅是三種腮紅裡最持久的，上妝以後可以保持 8 個小時以上，但是需要的技術也最高：因為液體腮紅非常容易乾，所以下手一定要快，一旦動作慢了，就會乾在臉上，實在尷尬。我在使用 benefit 的液體胭脂水時，經常是剛點在臉上，動作慢了點兒，它就乾涸在臉上，形成一小塊高原紅。

第 8 節 腮紅應該刷在什麼位置？

腮紅刷在什麼位置好？

答案是：不同的臉型刷在不同的位置，腮紅能夠在一定程度上修飾你的臉型（如圖 3-5 所示）。

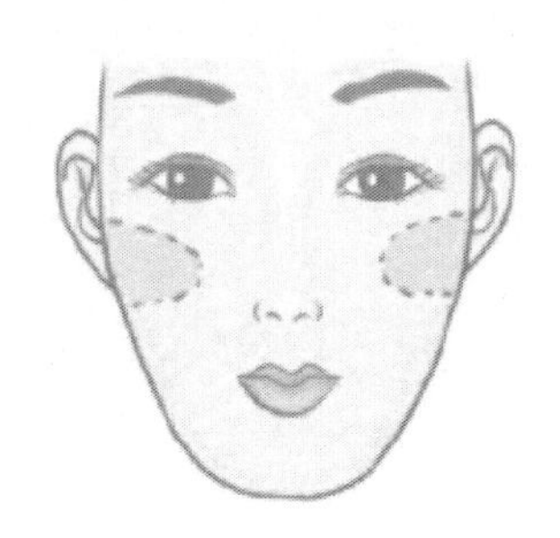
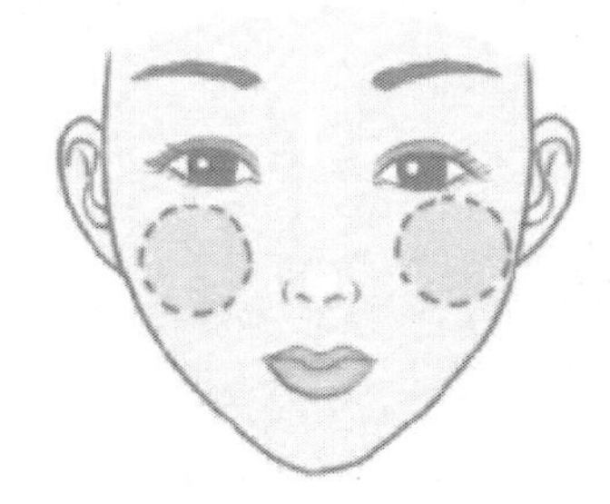
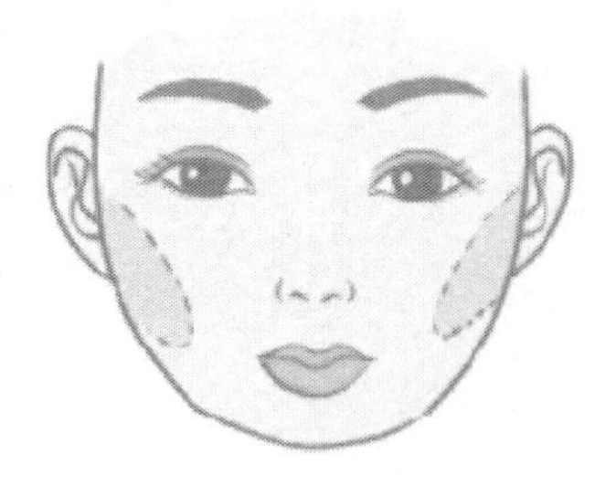

圖 3-5 不同臉型刷腮紅的位置

類型 1：窄而長的臉

不管你的下巴是圓形還是方形，如果整體偏窄偏長，你就屬於這一類型。

如果臉型太窄太長，那麼腮紅就要橫向打。橫向的腮紅可以使臉部在視覺上變寬，整張臉的比例也會更加協調。

類型 2：比例適當的完美臉型

這種臉型原則上怎麼刷都可以，腮紅的位置由想要的妝容效果決定。最普遍的刷法是刷在蘋果肌上，會顯得非常可愛。

類型 3：短而寬的臉

這一類臉型既包含圓臉，也包含偏正方形的臉，這一類臉型親和力強，缺點是稍不留意，就會變成大餅臉。

要刷腮紅，首先要找到自己的蘋果肌。蘋果肌大約位於眼部下方 2 公分處，是一個倒三角狀的肌肉組織，當你笑時，它就會凸起來，像蘋果一樣可愛。

這種短而寬的臉型在刷腮紅的時候，可以從蘋果肌開始，向太陽穴的方向斜著刷，這樣視覺上臉的長度會加長、寬度會變窄，看上去更立體。

以下介紹腮紅的 3 種基礎刷法（如表 3-3 所示）。

表 3-3 腮紅的 3 種基礎刷法

斜刷	增加臉部立體感，有的深紅腮紅（例如磚紅色）斜刷的時候，會讓人的臉部顯得非常立體和精神，同時也會讓人顯得十分強勢。我注意到，一線大牌的品牌走秀，採取斜刷腮紅方法的比例很高，更符合一線品牌高貴冷豔的定位。
橫刷	橫刷腮紅可以調整臉部比例，使修長的臉看起來沒有那麼長。
打圈刷	打圈刷是最基本的刷法之一，打圈刷腮紅能帶來柔和可愛的視覺效果，使人顯得溫順俏皮。正如斜刷是高冷的一線大牌採取的方法，日本服裝品牌的發鰾會上，模特兒常常採取打圈刷的方法（日本妹打圈刷腮紅的比例也很高）。

腮紅既可以選擇知名品牌腮紅，也可以選擇開架產品，各有不同的效果。相對來說，新手可以採取「選擇一款知名品牌腮紅在商務和約會場所使用、選擇一款開架產品日常使用」的辦法。

錯誤的腮紅使用方法：

A. 臉頰上正圓形的兩塊：許多新手在使用腮紅時，會將腮紅打成正圓形，臉頰上正圓的兩塊，可愛是可愛，假也是真假。完美的腮紅應該是能夠修飾你的臉型，使你的臉看起來氣色更好，但卻看不出來你使用了腮紅。兩塊正圓形的腮紅往往一眼就會被人看出來抹了腮紅，如果一不小心下手重了，那效果和猴屁股也差不多。

B. 猴屁股式：適當使用腮紅能夠使你整個人的氣色提升一個等級，但是抹得太濃，只會讓你顯得可笑和滑稽。猴屁股式的腮紅是絕對要禁止的！

為了避免腮紅刷得過重，化妝時一定要在明亮的環境裡。很多人在昏暗的室內環境中化妝，容易下手過重，到了燈光明亮的地方或者太陽底下就覺得妝畫得太濃了。

所以，一定要在明亮的地方化妝，IKEA 的化妝鏡有附燈，很實用。化完妝站到窗邊，在明亮的自然光下觀察自己的臉，也可以看出自己的妝是否太濃。

第 9 節 裸妝的祕密，是把每個細節和步驟都做到位

真正的裸妝，是把每個細節和步驟都做好的妝容。

現在「裸妝」這個詞特別流行，如果你是彩妝博主，要是不發表一些關於裸妝的教學，都不好意思見人。

事實上，裸妝並沒有捷徑，真正的裸妝需要你把化妝的每個步驟都做好，然後勤加練習（如圖 3-6 所示）。

圖3-6 哪裡都美，但是嘴唇斑駁也是很毀壞形象的

裸妝無他，唯手熟爾。

裸妝最不可忽視的步驟，是要選對適合自己的產品（適合自己膚質的妝前是控油型、滋潤型，還是防暗沉型；選對適合自己膚色的腮紅色號以及粉底色號），外加正確的上妝手法。

裸妝需要你把每個細節都做好，大到做好底妝的每個步驟，小到在擦口紅前做好潤唇保濕。

細節成就美女，細節也會毀掉一個美女的努力（如圖 3-6、圖 3-7 所示）。

· 不是用的產品少就是裸妝

很多女孩子認為裸妝就是用最少的彩妝品畫出來的妝容。實際上並非如此，如果你化得不對，哪怕只擦了個 BB 霜，黑黃膚色偏選最白色，你看起來也會像戴了個面具一樣，絕對和裸妝沾不上邊。

圖3-7 每個細節都完美才是我們的追求

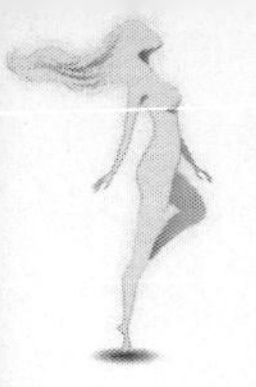

裸妝真正的含義是「妝感輕」，要做到這一點並不容易。

化妝能夠放大你的優點，在一定程度上遮蓋缺點（或者讓人忽略你的缺點）。最重要的是，化妝能夠透過光影變化造成不同的視覺效果。

例如，如果長臉想讓人看起來沒那麼長，可以透過橫向打腮紅的方法，來調整臉部比例。

如果方臉想讓人忽視下頜骨，可以透過在腮幫處打深色修容的方法，使腮幫在光線中隱沒，顏色變深，視覺上下頜骨就變小了。

而有的女性眼皮腫，如果想使眼睛看起來沒那麼腫，選擇大地色的無珠光眼影掃在眼皮上，就造成了收縮效果。

化妝的本質就是：放大優點，遮蓋缺點，用光影塑造不同的視覺效果。

為了讓鼻樑和眉骨更立體，可以採取在眼窩和鼻樑兩側用深色修容打陰影的方法。而修容餅掃在額頭上，也能讓額頭看起來更豐滿（如圖3-8所示）。

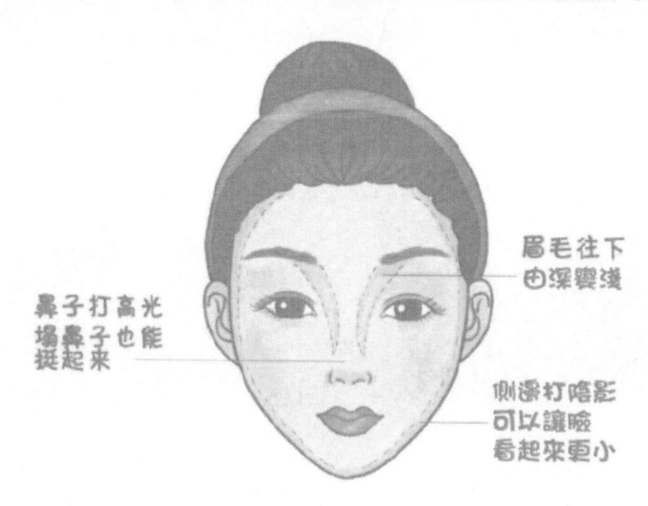

圖 3-8 讓臉部更立體的修容法

Part2 我的外部形象改造工程

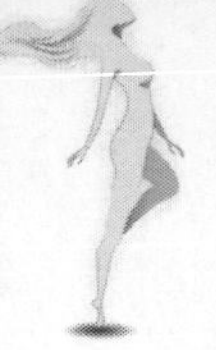
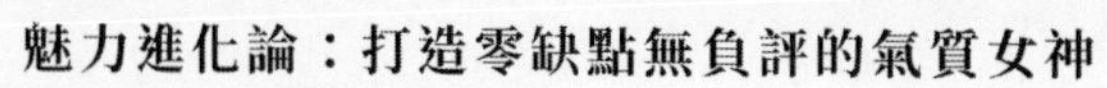

第 4 章 關於形象，時尚專家不會告訴你的真相

想要在人群中脫穎而出並不難，只要你穿得足夠出色就可以，但是「脫穎而出」不代表好看、優雅、氣質，還可能意味著不合時宜、用力過猛……，你的整體穿著想帶給人們什麼樣的印象？你鐵定不想讓別人看到你以後認為：這個女人真誇張，穿什麼啊？這樣穿不會不好意思嗎？

你很努力地打扮，但是始終沒辦法使形象變得與眾不同……，事實上，你看起來和其他人一樣，毫無特色，一言概括：庸俗。

是什麼使你泯然於眾人，如此庸俗？

第 1 節 為什麼你看起來有點「土」？

原因 1：裝飾過多

穿裝飾過多的衣服會讓人顯得其土無比。裝飾過多可以理解為：過多的褶皺、花邊、蕾絲、繡花、亮片、荷葉邊……，過多的圖案也在該範疇內。

渾身都是重點就等於沒有重點。

而有些單品非常不適合有裝飾，例如大衣、牛仔褲。那些裝飾太多的大衣往往顯得土氣，而且不好搭配衣服。而牛仔褲加亮片、蕾絲簡直低俗。有的衣服當時看起來閃亮，一激動就買了，但是買了之後就會後悔！什麼荷葉邊、繡花、蕾絲，甚至過分的收腰和蓬蓬的下擺都不適合這些單品，買了就是浪費錢。

事實上就衣服而言，只有剪裁，沒有款式，皮包也是，沒有任何額外的裝飾，也會顯得很別緻。

有句話叫做「有款式的衣服畢竟不大方」。意思是說，過分設計、過分搭配的衣服，只會顯出小家子氣，要隨意才好。

原因 2：太過流行

許多女孩子會陷入一種迷思，即按照時尚網站、時裝編輯推薦的當季流行款式來穿衣服。例如，今年非常流行虎頭休閒 T 恤，從知名品牌到淘寶，各種形態的大虎頭或印、或繡在身上，第一次看見覺得很新鮮，看多了就會引起審美疲勞。

如果你一直追求流行，會給人留下沒頭腦、沒主見的印象。還有每年的流行色、太空色、各種刺眼的玫紅色、對比鮮明的顏色……，第一眼看到可能覺得很好看，但是這種時尚是堆砌起來的，並不耐看，也和優雅無關。

過猶不及的時尚容易過時，想要穿著時尚又不顯得土，抽象地展現時尚潮流是最好的方式。

第 2 節 沒有質感的衣服是氣質的死敵

1. 決定質感的是衣服材質和剪裁技術

亦舒曾在她的書裡這樣形容人處境的落魄：「衣服的樣式越來越新，款式都是最新的潮流，然而布料十分差。」簡單來說，就是樣子時尚但是沒有質感。

何謂質感？ 140 支襯衫和 100 支襯衫之間的差別是質感，精緻細密的走線和鬆散雜亂的走線之間的差別是質感，低調亞光的衣料和廉價閃光衣料之間的區別是質感，PU 和真皮之間的差別是質感，俐落的剪裁和彆扭的剪裁之間的差別也是質感……。

一件衣服是否有質感是由很多因素決定的，其中起決定性作用的是衣服的材質和剪裁技術。

2. 西裝、大衣和風衣請不要選擇快速消費品

一些基本款的吊帶可以購買快速消費品牌，非常划算，穿一季就扔。而那些非常需要質感的衣服，例如西裝、大衣、風衣就不適合買快速消費品了。

衣服的樣式新而質感差是十分可怕的，尤其是一些快速消費品。

網上流傳的一些快速消費品品牌的原單，圖片看起來漂亮新潮，穿到身上簡直就是災難……，不是說這些牌子不好，日常散步、買菜、海邊蹓躂是完全沒問題的，然而上班穿就顯得太寒酸了，更不用說正式的場合了。

《慾望師奶》中女主角的風衣，一看就知道質地好，剪裁也非常合身（如圖 4-1 所示）。一件質量極佳的風衣或大衣往往可以穿好幾年，所以捨得投資是非常有必要的。

圖4-1《慾望師奶》中女主角的風衣

因此，最好不要全身都是快速消費品，混搭知名品牌穿會好很多。

我們先講一個整體原則：買品質好的衣服，只買對的不買貴的，也不要貪便宜。

買那種可以帶給你自信的衣服、可以和喜歡的人約會時穿的衣服。另外，千萬不能只重視衣服的款式而忽略了顏色，只重視它的時尚感而忽視了質感。

第 3 節 你搭配過猛了女士

穿衣原則中的一條是：留有餘地。不要 100%展示你的所有優點，否則過猶不及。

有些女孩會有這樣的困惑：明明自己身材很好，纖腰長腿，品味也不錯，穿的衣服能夠充分顯示自己的優點，為什麼就是顯得不高檔？

配有水鑽，也加有蕾絲，甚至經常知名品牌加身，但是看起來就是沒有格調。

沒有格調的原因可能就是：這位女士，你搭配過猛了。真正的名媛不會展示自己 100%的優點，你不會看到一個名媛露胸的同時露腿，露腿的同時露背……。

如果我有 170 公分的身高，70C 的胸，64 公分的纖腰，超長的腿，穿超短裙、高跟鞋、露背裝固然可以全面展示自己的優勢，但是也把穿衣中搭配的趣味性降到了最低。

· 在精緻中，請加一點點瀟脫

如果你本身非常完美，穿著不妨隨意一點兒，在精緻的同時加入一點點的瀟脫，讓不經意的穿著藏住你的精明。如果你的優勢是 100 分，不妨試試藏住 50 分，只露出 50 分。

不要渾身上下無一不是吸睛點，只有不夠自信的人才恨不得時時刻刻黃袍加身。

藏住你穿衣的精明，既可以讓同性喜歡你，也不會讓異性面對你時感到有壓力。

時尚領域中鼎鼎大名的貝嫂維多利亞，永遠以完美形象示人，這與她突出重點的穿衣風格不無關係。

即使我們做不了維多利亞，沒有她的決心、信心和財力，也可以學習她的態度、模仿她的氣場。

維多利亞曾說：「如果你想同時做好所有的事情，那麼最後往往一樣也做不好。做事情一段時間只能有一個重點。穿衣服也一樣，我永遠都記得這一點。要有重點，不要突出一切。如果你的胸部特別豐滿，那麼請弱化腿部，反之也成立。如此，你會更漂亮，更自信，更舒服。比如穿迷你裙時，你是在炫耀雙腿，那麼就該讓胸部低調點。相反，如果穿褲裝，就別套上大低領上衣。」

穿衣有時候不需要盡善盡美，讓你的穿著留一點兒遺憾，更能展示你的態度與格調。

如果你有優厚的本錢，想找一個有格調的榜樣學習，我推薦湯唯。湯唯的外表非常有女人味，長髮陪襯著足夠的身高，胸部不突出，但是反而惹人憐愛。通常這種長相的女性都會把自己往極致女人的方向打扮，但湯唯反其

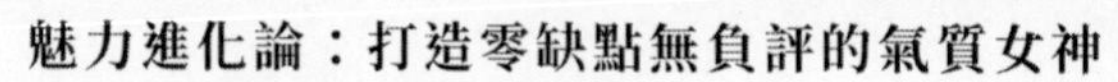

道而行，她的私服往往在展示自己好身材的同時也顯得十分率性，牛仔褲和平底鞋，配上鬆散的長髮，顯露出另類的美。

第 4 節 一定要穿能夠讓別人產生好感的衣服

Question1：為什麼有些人穿的衣服就是不能讓人產生好感？

穿衣的基本法則是分場合穿衣和依照身材穿衣，這兩個法則人人都知道，但是常常被忽視。很多人簡單粗暴地把分場合穿衣分為工作裝和日常裝，但真正的分場合穿衣遠不只這麼簡單……，是什麼場合？什麼時間？什麼地點？節日還是日常？正式場合還是休閒場合？

可能你的習慣就是日常穿得精緻得體，但是這種精緻得體也不是時時適用，例如爬山的時候，所有人都穿平底鞋背大背包，只有你穿高跟鞋拎著香奈兒，是不是太不合時宜？

· 不是精緻打扮就是有禮貌

某位太太被丈夫多次要求穿得隨意一些，因為這位太太隨時隨地都穿得極度精緻、一絲不苟。因為他們是受薪階級，常常有一些聚會，即使是超過 30° C 的夜晚和同事們在夜市吃個烤串，她也要穿上絲襪、踩上高跟鞋、穿上緊身套裝……，這位太太困惑地上網發文說把自己打扮得精緻一點兒有錯嗎？為什麼丈夫的同事都不喜歡我？還在背後嘲笑我？

不分場合的精緻等於不禮貌，入境隨俗和因地制宜是穿衣的基本禮貌。

考慮穿衣時的天氣、場合、要見的人、要做的事情，甚至考慮要見的人的好惡，都是穿著打扮時需要注意的。

尊重別人，就是要穿能夠讓別人產生好感的衣服，達到這一標準才能談時尚。

Question2：如何根據場合選擇穿著？

女士穿著有一個 TOP 基本原則。

這裡的 TOP 並不是一個單詞，而是由三個單詞的首字母組成的。這三個單詞分別是 Time（時間）、Occasion（場合）和 Place（地點），即選擇穿什麼樣的衣服應該考慮時間、場合和地點三個因素。

1. 時間原則

男士一套深色西裝就可以應對絕大多數場合，而女士則不行，在不同的時段對應的穿衣規則也不同。白天上班時應該穿職業套裝，以顯示專業性；晚上出去就需要增加一些裝飾，比如一個有光澤的小配飾、一條好看的絲巾等。

衣服的選擇還要與季節特點相符合。有的女孩在大冬天還穿超短裙，這樣別人並不會覺得好看，只會覺得「你很期望別人認為你好看」。

2. 場合原則

衣服的選擇要和所在場合相協調。與客戶見面、參加重要會議等，應該選擇正裝；出席宴會則需要穿晚禮服或者中國傳統旗袍；而與朋友聚會、外出旅遊等就以方便舒適為主。如果周圍朋友穿得都比較隨意，只有你穿著禮服，就會顯得非常奇怪；同樣地，如果正式的宴會上你穿著隨便也會非常顯眼，同時也是對宴會主人的不尊重，有可能門口的服務生都不會讓你進門。

3. 地點原則

有客人來可以穿休閒裝；如果去機構辦事，那麼穿正裝比較得體。同時，穿衣還要顧慮當地的習慣與風俗，例如在教堂或者寺廟等地方，就不應穿太過前衛的衣服。

第 5 節 活色生香：「不用香水，沒有未來」

不用香水，就沒有未來嗎？

可可．香奈兒的名言：「不用香水的女人沒有未來」被廣為流傳。其實香奈兒女士原本說的是：「用錯香水的女人沒有未來」。

不過，真的有人曾問我：「真的不用香水，就沒有未來嗎？」當然不是，這句話只是品牌的行銷語言。

但是恰當地使用香水，確實能夠增加你的魅力，使你更加自信。每當我匆忙出門，因為沒有時間仔細化妝打扮，而感到沒有自信的時候，能夠讓我產生自信的有兩樣武器，一個是唇膏，另一個就是香水。

唇膏可以使我的氣色變得更好，而香水讓我感覺好像擁有了一個小世界。香水是自我表達的工具，同時也是我們可以用來取悅自己的工具。

·噴錯香水是非常尷尬的

大多數女孩都知道，不要塗蒼蠅腿似的睫毛膏上班，也不要抹閃藍色的眼影上班，但是香水適不適合可能就沒那麼好判斷了。我的建議是：買了香水後，多在網路上看評論，看香水本身的介紹、描述、香調表，甚至海報。它們會告訴你這款香水適合什麼樣的場合。

看香水的海報是瞭解香水靈魂非常直接的辦法，同時也是非常有效的方法。

第 6 節 尋找自己的「簽名香」

選擇一款適合你氣質，而且適合你絕大多數需要出席的場合的香水，作為你的簽名香，是件非常有趣的事情。你可能需要在香海中遨遊許久，才能找到你的那瓶香水，然後欽點它成為你的簽名香，也有可能你運氣很好，沒有試過多少香水，就遇到了最適合你的那瓶真命之香。

簽名香是人們最常從你身上聞到的味道，漸漸地，因為熟悉和好感，人們會習慣這個味道，並喜歡從你身上聞到這個味道。

我覺得那些擁有適合自己簽名香的女士往往顯得更加精緻，但是簽名香最好不要選擇那些過於另類的香水。選擇簽名香最重要的是自己喜歡，其次是不要招別人討厭。

那麼問題來了，香水是給別人聞的，還是給自己聞的？

有位香水學家說：香水分為兩種，一種是給別人聞的，另一種是給自己聞的。

給別人聞的香水，氣味討人喜歡、同時適合自己的氣質。

而給自己聞的香水，氣味是否討人喜歡並不重要，關鍵是你喜歡，適不適合你的氣質也無所謂！在這個範疇裡，十七、八歲的小女孩也可以用迪奧的真我，40 歲的女士也可以用花漾甜心。

一個折衷的辦法是，在需要嚴肅社交（工作、會議、辦事）的場合，香水用「得體」的。

在不是嚴肅社交的場合，例如與朋友聚會，甚至獨處的時候，用你喜歡的香水，不必用一些條件限制自己。

我夜晚一個人加班的時候，通常會使用那些看起來並不適合我氣質，但是我卻非常喜歡的香水，比如 Serge Lutens 的孤兒怨。它的味道是焚香和麝香的結合，有人形容它是地下室長期不通風的味道，但是它卻讓我感到溫暖和安全，所以在加班的時候噴一點兒孤兒怨，那繚繞的香氣會讓我感覺自己並不孤獨。

而上班和見客戶的時候，我就會使用特定的香水，我管它叫「工作香」，比如柔和典雅的玫瑰香和白花香氣（茉莉、忍冬），我會選擇在任何場合都不會出錯的味道。

第 5 章 衣櫥裡的愛人：我的衣櫥管理

女人有多愛衣服？

我的一位女友曾這樣說：衣櫥裡的不是衣服，是我的愛人。那麼衣櫥裡的愛人們，是不是需要我們認真去管理呢？

大多數人購物都是「隨心所欲」，想買什麼就買什麼。然而我認識的非常有個人魅力的女孩，往往都具有「嚴肅的購物者」特質。她們謹慎地對待購物這件事情，從分配預算到精簡衣櫥，都有自己的清單。

第 1 節 分配預算的智慧：每個人都需要的基本款

衣服可以少買一點，但是要買好一點。

我個人認為購買衣服的錢應該分為兩部分：用 80%的錢去買簡單的、適合自己膚色的、材質上等的基本款，這樣到了明年還能穿；用 20%的錢買流行的配飾或者衣服，這樣既可以讓你看起來很時尚，又能保證當它過時的時候你不會心疼錢。

學會打造自己的衣櫥。

1. 你衣櫥裡 80%都應該是基本款

你的衣櫥裡 80%的衣服都應該是基本款。對於在校的學生和對穿著要求不太嚴格的上班族來說，基本款應該包括這些衣服（如表 5-1 所示）。

表 5-1 基本款清單

基本款清單	
襯衫 3 件	一件白色襯衫，一件黑色襯衫，一件格子襯衫。
牛仔褲 2 件	一條自然水洗略帶磨白的淺藍色牛仔褲，一條黑色牛仔褲，都不帶任何裝飾。
開襟衫 ~3 件	黑色、灰色、彩色的羊絨開襟衫。
吊帶 3 件	黑白灰一件。
風衣 1~2 件	根據膚色，選擇淺色風衣一件 (如卡其色、淺灰色、米色)，深色風衣一件 (如黑色、藏青色)。
深色大衣 1 件	雙排釦還是單排釦主要看個人風格，可以是藏青色、灰色、黑色。
淺色大衣 1 件	雙排釦還是單排釦主要看個人風格，米色、駝色都是好選擇。
淺色中長款絨毛衣 1 件	相對於藏藍色和黑色，淺色的中長款羽絨衣是更好的選擇，保暖而不顯得邋遢。
修身羊絨薄款毛衣 2 件	領扣較大搭配吊帶穿。
圍巾若干條	至少要深色、淺色、花色各一條，秋冬以羊絨材質為佳。

2. 質地和剪裁最重要

基本款的衣服最重要的是剪裁和質地，出色的剪裁能夠很好地襯托你的身材，使你該瘦的地方瘦，該豐滿的地方豐滿。

剪裁應合身，肩膀、胸圍和袖子是檢驗一件衣服是否合身的重要標準，切記不要購買那些看起來明顯大一號，或者特別緊身的衣服。有些時候衣服略寬鬆會顯得人悠閒從容，略緊身會顯得人性感，但是基本款不在此列，基本款就是需要合身。

良好的質地會帶給人愉快的視覺效果，看起來平整、細膩、潔淨最好。

《廣告狂人》中女主角的大衣，非常簡單，沒有任何多餘的裝飾，即使經過這麼多年，也完全不覺得過時（如圖 5-2 所示）。

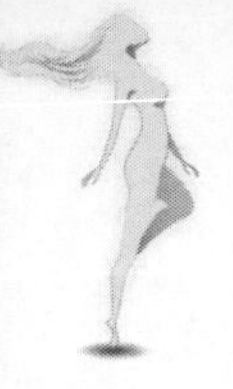

基本款的顏色和款式越簡單越好，不要有任何當季流行的元素和裝飾，基本款是可以陪伴你 3 至 5 年的衣服。今年的流行意味著明年的過時，到時你還要重複購買。

好的基本款相當於你臉上漂亮妝容的底妝，越簡單、勻淨、高質地的底妝，越能襯托妝容的美。

圖5-2《廣告狂人》中女主角的大衣

第 2 節 制定購物清單：如何衡量自己需要什麼

每個季節的開始都是買衣服的理由，不過盲目購物並不是我們努力的目標。許多人評價一個女人會不會買衣服的標準，就是看她能不能以最低的折扣買到最漂亮的衣服。這一點我不算符合，雖然我也喜歡打折，但是折扣從來不是我買衣服的唯一理由，我會努力克制自己，讓自己做一個冷靜的購物者。對待購物要像夏天般熱情，冬天般冷靜。

制定一個購物清單，是有效控制自己盲目購物的有效方法。通常在每個季節開始時，我都會好好整理一下自己的衣櫥，把準備穿的衣服按次序掛在衣櫥中，這個次序通常是按顏色排列的，同色的衣服最好掛在一起。然後以此為基礎思考我還需要什麼樣的衣服。

更好的辦法是為自己每個季節要穿的衣服拍照，把照片編輯在一張大表格裡，這樣你對自己擁有什麼樣的衣服、需要什麼樣的衣服就會有一個更直觀的瞭解。

1. 把自己最喜歡又擁有最多的單品劃掉

根據自己已有的衣服，按照自己的風格與喜好，並適當參考當季的流行，如果你有太多白色的衣服，那麼就應該提醒自己不要再購買更多的白色衣服了。有時候個人的喜好雖然值得參考，但是也常常造成盲目購物。比如，我非常喜歡小黑裙，每個季節的小黑裙加起來超過 10 條……，當然小黑裙是多多益善的，但是有些需要穿正裝的場合偏偏不適合小黑裙怎麼辦？（例如親友們的婚禮，穿黑色的裙子出現明顯是不合適的，白色也是這樣。）

同樣地，我認識一個女孩，她的衣櫥裡有十幾條冷淺的薄款牛仔褲，光是淡藍色的薄款牛仔褲就有六、七條，窄管的、直筒的、破洞的、BF 風的……。

如果你也是這樣，那麼你在整理衣櫥時就需要冷靜下來，在你的購物清單中把自己最喜歡又擁有最多的單品劃掉。

經過這樣的購物思考，可以大大降低你衝動購物的機率。

2. 把你需要又缺少的單品添上去

圖 5-1 對比現有的衣服，思考你缺少的衣服

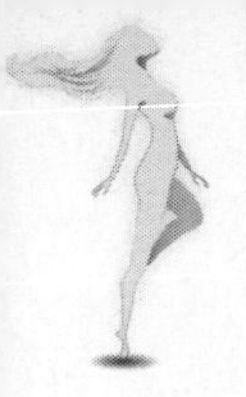

參考第一節的基本款清單，如果你已經在工作，工作又要求稍微正式的穿著，上述的基本款清單將會非常適合你，其中可能會有一些你缺少而又需要的單品。比如，春暖色的風衣、冷淺的半身裙、連身裙（如圖 5-1 所示）。

那就是你需要購買的目標。

第 3 節 成為嚴肅冷靜的購物者

1. 盡量自己逛街

如果你真的想買到適合自己的衣服，而不是只為了休閒，那麼最好一個人逛街。

當你詢問一個女人一件衣服是否適合你時，對方往往會考慮這件衣服適不適合她，所以常常會給出錯誤的意見。盡量不要和閨蜜一起逛街，除非對方品味非凡或者你確實很有自己的想法。

不過有一個例外的情況，那就是你的閨蜜和你的風格很像，這時她的意見反而會變得客觀。

2. 成為嚴肅冷靜的購物者！

我個人認為，逛街的樂趣很大程度上在於「逛」而不在於買，逛街更多的是欣賞與瞭解。看看商店裡的商品和店面設計，一些名品店的店面設計極具藝術性和美感。

即使錢包裡的錢不夠也不影響欣賞最高級的店鋪，那種美感和時尚是不需要錢的……，多看大品牌設計精美、精工細作的衣服有助於提高自己的審美觀，只有瞭解好衣服是什麼樣的，才能使你的選擇有底，不至於降低品味。

多看，多思考自己的需要，慢慢就知道哪些是適合自己風格的衣服了。

購物雖然是一件很平常的事情，但是很大程度上你的購物方式也影響了你的生活方式——你如何分配金錢、如何合理預算、如何調度現有的資源，都決定著你會過上什麼樣的生活。

所以如果你不是錢多得花不完、世界上的名牌衣服任你挑，不如做個冷靜、嚴肅的購物者，讓你購買的衣服使用率最大化。

如果你對自己的品味沒有信心，那麼和你朋友中品味最好且非常瞭解你的那個人一起逛街。另外，她應該非常有主見，能夠給你正確的意見，果斷放棄讓你猶豫不決的衣服，只買自己 100%想要的衣服，所以那些令你夜不成眠的衣服可以果斷下手。

不要因為折扣、價格去買一件衣服，你買任何衣服的理由都應該是衣服本身，為了價格而買的衣服通常會被你壓箱底。

按照自己平時挑選衣服的標準買就好，不要買全是 Logo 或者當季最流行的商品。如果當季流行鉚釘，那麼千萬不要買一件全是鉚釘的皮夾克，很容易過時，而且會給人一種「過分追逐時尚」的感覺。「時尚」和「追逐時尚」是兩碼子事。

再好看的衣服也要試了再買，對於逛街來說是這樣的，網購的話更要仔細研究尺寸，認真思考色差的問題。當你試得足夠多時，即使一件衣服隔著電腦你也能揣摩出它的顏色、款式、尺碼是否適合你。

最後，所有的牛仔褲和西裝褲都需要試穿。

第 4 節 幫衣櫥做減法：衣服太多，很難優雅

常常聽人說：「女人的衣櫥裡永遠少一件衣服」。這句話深刻表達了女人對衣服的喜愛和打造衣櫥時的盲目性，無論你衣櫥裡有多少件衣服，在很多時候，常常你打開它卻無法找到最合適的衣服。

真的如此嗎？當你打開衣櫥，卻感到沒有合適的衣服時，往往不是你的衣櫥少了一件衣服，而是你的衣櫥裡，讓你眼花繚亂的衣服太多了。

1. 問自己兩個問題

可以問自己兩個問題：

第一，你是不是買了太多衣服？

第二，你是不是買了太多一樣的衣服？

如果你擁有太多的選項，你一定會在各個選項間游移不定，衣服太多也是一樣。有個著名時尚專家說：「美國人衣櫥裡的衣服實在太多了，讓人疑惑他們怎麼能穿得優雅得體。」

我認識一些很會穿衣服的女孩，她們的衣櫥往往整齊有序。衣服貴精不貴多，那些缺乏個人特色和風格的女孩會讓衣服塞滿自己的衣櫥。

2. 你的衣櫥需要減法

你的衣櫥需要做的是減法，而不是加法。一個頗有氣質的女孩，會遵循衣櫥「能量守恆」的原則：每當她買一件新衣服，就從衣櫥裡剔除一件舊衣服。

她說：「一個人能穿到的衣服是有限的，太多的衣服會影響我的選擇和穿衣風格，只有買一件替換一件，才能警告自己謹慎而愉快地選擇衣服。」

每個季節我都會集中幾天時間把自己的衣櫥整理一番，把穿不到的過季衣服整理之後送去乾洗，等洗好後收在盒子裡或者放在防塵壓縮袋裡，等明年再拿出來穿，那些不喜歡或不想再穿的衣服就乾脆送給別人。

亦舒的文章中，有這樣一段關於衣服的論述：

許多四季衣服多得衣櫥擠不下的人老抱怨沒有衣服穿。真奇怪。一直覺得自己衣服多，且精，又漂亮，常為此得意洋洋，十分滿意。

數一數，質與量其實與好此道者簡直沒得比，只不過長短大衣三、五件，一些毛衣，幾條長褲，以及若干襯衫，大部分可以扔進洗衣機，容易打理，幸虧穿上還算整潔美觀。

另外，有三雙 Timberland 平底鞋，一雙半跟上街鞋，一只黑皮手袋用得毛毛，被友人含笑道「該添新的了」，從善如流，置了兩只新的，外加一只牛仔布書包，但覺整套武裝，式式齊備。親友均可證明此言不虛，因從不赴宴，更是一件晚裝也無，唯一不能捨棄的，乃淨色喀什米爾毛衣。

也不是一開頭就這樣，當年赴英國，行李帶七件大衣，還要再買，弟弟搖頭嘆息作孫叔敖狀說：「那麼愛穿，功課不及格有什麼用？」真如當頭棒喝，那時還真交不出功課來：稿子寫得一塌糊塗，學業未成，又沒有家庭，就差沒借當賒，羞愧無比。

一個人的時間用在什麼地方，是看得見的。

我這裡還有一些小竅門：

· 你的衣服必須建立在個人整體狀態的基礎上，如果沒有芭比的完美身材、雪白的膚色、公主的氣質，那麼就不要選擇公主裝，適合自己的才是最好的。

· 除了自身條件，工作和生活的狀態也要考慮，同一個人在學生、上班族、全職主婦等不同狀態下，裝扮也是不同的。

· 再適合你的晚禮服、小黑裙也不適合上學穿，再漂亮的白襯衫、西裝裙也不適合帶孩子穿。

· 你的衣櫥要由你的日常所需決定。衣服始終是為人服務的，實用是根本。

· 不要隨便買衣服。人們隨意買衣服的理由可能是：隨便穿穿玩玩、這麼便宜就買了不喜歡可以扔⋯⋯。

· 如果說穿衣打扮是你的樂趣，那麼使這種樂趣長久保持的方法就是用嚴肅的態度去對待它。衣服與玩具的不同在於它具有使用價值，能展現你的趣味和審美觀。

· 還有人覺得「買衣服本身就是樂趣，想買什麼就買什麼就是最大的樂趣」，但是多整理、審視你的衣櫥，可以使你看清楚自己的現狀和需要，冷靜的購物並不是要求你壓抑自己。

第 5 節 每個季節 20 件衣服就足夠

1. 你需要 10 件基本款

每個季節你最好能把衣櫥內的基本款精簡到 10 件以內。

比如，春夏你可能需要幾件純色的大圓領襯衫，分別是灰色、白色和黑色；清爽的真絲襯衫 3 到 4 件，以白色、灰色為主；黑色連身裙 2 條，1 條短袖，1 條無袖；白色連身裙 1 條；純色半身裙 2 條，最好一條是鉛筆裙，一條是 A 字裙；9 分褲兩條，一條白色，一條黑色。

2. 還有 10 件「簽名款」

除去這些基本款，每個季節可以根據自己的喜好、風格和工作狀態添加一些「個人化單品」。例如，超愛連身裙的可以添加幾條連身裙，襯衫控可以添加幾件經典款襯衫，但是這些個人化風格的單品每個季度最好不要超過 10 件。太多的選擇會令你的衣櫥大而無當。

相信我，20 件衣服絕對足夠讓你在整個季節都保持新鮮感。這些衣服都是你精心挑選的，都是你最喜歡的衣服，這樣你每天早晨打開衣櫥時都能在很短的時間裡拿出合適的衣服。

而當你不知道穿什麼時，可以直接拿出基本款來穿，簡單而品質精良的基本款，要比胡亂搭配出來的穿著強很多。

再喜歡的衣服如果尺寸不再合身、褪色，甚至壞掉，也要毅然淘汰。沒有一件衣服可以永遠陪你，保存不能穿的衣服是沒有任何意義的，只會占用你衣櫥的空間。

而那些多餘的、不是很喜歡的衣服，可以暫時收起來，不要讓它占據你觸手可及的空間，喜歡的衣服和不喜歡的衣服混在一起只會讓你在忙碌的早晨更加迷茫。

多為自己的衣櫥做減法，斷捨離的智慧就在於此。

學會利用你的基本款，能讓你的搭配變得更有效率，還能降低你衝動購物的慾望。

第 6 節 品質與錢包之間的權衡

Question1：購買知名品牌的正確態度是什麼？

對於服裝來說，一分錢一分貨永遠是真理。知名品牌的服裝必然比普通街頭品牌要好，但是追求衣服的品質並不意味著要追求名牌。

買名牌的正確態度是：那件衣服、包包、鞋子本身的美麗吸引了你，它的質感或者顏色打動了你，而不是它很紅、它是名牌、今年很流行。

好品質的衣服，除了要有精良的布料、上等的剪裁、出色的設計之外，還需要能經得起時間的檢驗。有的設計非常吸睛，比如某年流行的羽毛裝、下擺的長流蘇、滿身的 Logo……，但是它們經不起時間的考驗。

大品牌的衣服，最重要的不是它的 Logo，不是別人一眼就能看出它是什麼牌子，而是它本身具有的獨特氣質。當你想要購買一件好衣服時，首先要看看它是不是擁有自己的氣質、具備不過時的實力。

Question2：哪些單品適合買知名品牌？

有一些單品特別適合買名牌：外套、包包和褲子。它們都屬於不需要常常更新的款式，一件往往可以陪伴你好幾年，它們在你的穿著中起著決定性的作用，外套、包包和褲子的品質好，可以使你的整體層級提高。

1. 外套

一年之中你需要的外套不會超過 10 件，其中必備的單品只有五、六件。以我自己為例，冬天的大衣有兩件（淺色和深色各一件），春、秋的風衣兩件（一件米色，一件深色），還需要一件黑色西裝外套。這 5 件衣服絕對值得你投入金錢購買最好的，精挑細選到最適合自己為止。不過外套想要不過時，必須滿足兩個條件：首先，它要能夠適應你體型小幅度的變化，絕對不能緊緊地裹在身上，肩膀要合適，整體略寬鬆最好。

其次，它最好零裝飾，任何的花邊、剪裁花樣、修飾都是不需要的，越簡單越好。

2. 褲子

褲子占了全身穿著的二分之一，沒有理由不慎重對待。如果你的褲子不合身，明顯地鬆鬆垮垮（是指不合身的鬆垮而不是 BF 風），或者緊緊地裹在身上，即便你背著再名牌的包，看上去也不會優雅。

你不需要很多條褲子，你只需要幾條「好」褲子。我認識一些人，她們熱衷於買一樣的褲子，這些褲子通常都非常廉價，而買這些廉價褲子的錢加起來足夠買幾條好褲子了。好褲子的質料很舒服、看起來很漂亮，合身的同時還能修飾你的體型。你至少需要一條修飾腿型和屁股的藍色牛仔褲，和一條剪裁出色的黑色西裝褲。它們和小黑裙一樣經典，可以應付一切正式、非正式的場合。除了你做瑜伽和跑步時穿的褲子可以買品質稍差一些的之外，其他場合請你拒絕廉價貨。

3. 鞋

有部電視劇中有這樣一句台詞：「每個女人都需要一雙好鞋，帶你去想去的地方。」一雙得體的鞋子對整體的穿著有畫龍點睛的作用，有時候一雙鞋能夠決定一身裝扮的氣質，同樣的套裝，配著平底鞋是優雅的氣質，配尖頭的高跟鞋則顯得嫵媚幹練。

你不需要所有的鞋都買最好的，有幾雙品質精良的鞋即可，但除非是夏天的涼鞋，否則不要買 PU 的。如果你已經擁有了好品質的大衣和包包，剩下的預算投資幾雙好鞋是非常划算的。你至少應該擁有一雙高檔的、沒有任何裝飾的黑色亞光高跟鞋。

4. 包

一個好包並不會讓一身隨便的裝束顯得高檔，好包並不能承擔改變你氣場的重任，但是如果你的穿著已經超過 70 分，那麼一個適合你氣質的名牌包可以把你的分數提升到 80 分。包的作用只有畫龍點睛，但是我認為包仍然值得你大力投資，它的點睛作用很重要。

買包時應慎重買季節款，喜歡買包的都知道流行款、設計師合作款常常過時得很快。明星常常換包，所以她們拿最新款的包沒關係，但是普通人買包最好買經典款，經典意味著不易過時。

你也許不能全身都是名牌貨，但是對於普通白領女性來說，在外套、包包、鞋子、褲子上投資一些好品牌的產品並不是無法承受的。其他的單品可以購買相對便宜的，但這幾種單品直接決定你的整體穿著品味。

第 7 節 她的祕密都在包包上

在我看來，沒有什麼能比一個女孩提的包更能顯示她的喜好、追求、情趣和性情的了。一個女孩子的祕密，都在包包上。

買包要避免一時衝動，要有明確的目標和計畫。哪怕大學畢業之後一年只選擇一個包，那在 30 歲之前，也已經有了能夠應付各種場合的包包了。

對於女孩來說，一個好的包包是出門必備品。對於包包有一個說法：你的衣服可以很普通，但是你的包包必須要精挑細選，一個好的包包能夠讓普通的你瞬間亮起來。

包包就是這麼重要！但是如何選擇包包呢？

一般情況下，女孩們使用包包是在以下幾種場合。

・上學或者上班

在這兩種場合裡，包包更多是拿來用的，這時包包的選擇注意要款式低調（太過高調容易引起周圍同學或者同事的反感）、質地結實（推薦牛皮，耐用）、顏色好搭配（黑色是永遠的經典色，咖啡色也十分好搭配）衣服和容量夠大（至少能夠裝下 A4 紙）。

實用性的包包可以購買兩個，以便搭配自己不同風格的衣服。強調一下，兩個就足夠了，沒有必要買太多。多數情況下包包的品牌是十分重要的，但在上學或者上班時卻可以忽略這一點，你不必選擇一線名牌的包包，但是

包包的外觀和做工要講究（選擇三、四線的品牌也可以，但千萬不要用仿冒品）。

・逛街和聚會

出去逛街和參加朋友聚會。這兩種場合使用的包包更多的是給別人欣賞的，所以選擇包包時可以考慮如何突顯自己的特點，經典款、潮流款都可以。包包大小適中，有較高的識別度最好。當然，如果你習慣低調也無所謂，總之這時對包包的選擇非常自由。

這種包包可以多準備幾個，至於選擇什麼樣的品牌需要根據個人財力而定。

・外出旅行或者遠足

如果出去旅行是休閒式的，那麼選擇包包時可以參考逛街和聚會時選擇包包的方法。如果是運動遠足，那麼可以選擇斜挎包，這時包包的質地就要仔細考慮了，皮質的是耐用，但是外出免不了沾上水、被劃傷，這些都需要注意。

・約會、重要聚會和酒會

約會，參加重要聚會、舞會或者酒會等，這種場合使用的包包應該是最貴的包了，比如 Chanel 的鏈條包、愛瑪仕的凱莉包（柏金包非常合適，但是普通老百姓通常用不到）。如果財力有限，可以選擇一款設計精緻的皮包，手提或者用單肩背都合適，它可以用在約會、參加公司酒會等場合。去聽歌劇或者參加那種需要穿著晚禮服的舞會時就需要用手拿的包，質地選擇緞子或者皮質的都可以，不需要是一線名牌或者價格昂貴的，但是做工一定要精緻。

從上述所說的 4 種包包使用場合可以看出，準備 7 個包就可以應付日常各種需求了。（上班、上學準備兩個，出門逛街、與朋友聚會準備兩個，外出旅遊準備一個，約會準備一個，再加上一個手拿包）。如果我們選擇的包包都是名牌的經典款，那麼一個包包用 10 年以上應該沒有太大問題。

一提起名牌包，很多人第一反應就是太貴。實際上並不是這樣的，這麼一說可能有人就要吐槽了，但我這麼說是有理由的：

一個包包的實際價格，可以透過一個公式計算出來，即包包的價格除以使用的次數，就是你每次使用包包的花費。算出了這個數字你就知道你的包是不是真的貴了。

現在我們可以回想一下，你是不是購買過很多便宜包？這些包包都用了多久就被你擱置一邊了？這些被擱置的包包是真的舊得無法使用了，還是因為你看上新的包包所以拋棄了？

從另一個方面來看，名牌包也可以當作一種資產，就像單眼相機鏡頭一樣。

一個好的包包能夠大幅提升你的自信，特別是在一些特殊場合，例如參加同學聚會（不必掩飾自己的虛榮心，愛美之心人皆有之，實際上愛美之心也算是一種虛榮心）、參加高檔晚會，去旅遊……，這時有一個容易被人認出同時款式非常低調的包包，絕對能夠增強你的氣場與自信，同時對於一些較為勢利的人也是強而有力的打擊！

對於一個女孩來說，如果化妝及服飾都已經過關，那麼我強烈推薦再選擇一款好的包包。

第 6 章找到適合你的風格：5 種基本女性類型

你的個性決定你的氣質，你的氣質又決定了你的風格。當你身邊所有的人都說「你身上穿的衣服一看就是你的衣服」時，你的風格就形成了。

最好的風格是「融合」，你和衣服相得益彰、渾然天成、天衣無縫。

再也沒有比穿錯衣服更可怕的事情了。

第 1 節 個性型：英氣瀟灑的中性女和溫柔潔淨的自然女

對於個性型的女孩來說，衣服就是她最好的名片，衣服會直接告訴大家「我是這樣的人」。衣服完全展示了她的性格、情趣和審美觀。

個性型的穿衣分為兩種：一種是英氣瀟灑型，一種是自然主義型。

1. 果斷的你：英氣瀟灑型

如果你的性格乾脆果斷、雷厲風行，帶有男孩子一樣的英氣，同時又帶有一些奇妙的小性感，這個風格會很適合你。

需要注意的是，英氣男孩風是需要一定的身高襯托的，低於 168 公分可能不會有很好的效果，最好是 168 公分以上，偏瘦、平胸。

這個風格需要的是一些有設計感的衣服，以簡潔俐落為主，同時有一點另類。

喜歡這類風格的女孩絕不會隨波逐流，她們往往特別獨立，有自己的個性，這種性格可透過她們的衣服傳達出來。

但是標新立異也有一個限度，需要注意整體的搭配。

2. 崇尚自然的你：自然主義型

我其實非常推崇自然主義的服裝風格，簡單來說就是潔淨、舒適，自然主義因為合體、簡單，反而顯得很純真。

秋冬以舒適的套頭毛衣為主，裙類最好不要及膝的（及膝裙具備著成熟、優雅、幹練的氣質，相對來說更適合上班族）。

衣櫥裡的基本款可以是襯衫和套頭休閒 T 恤，但是注意不要有太大的 Logo，謝絕卡通圖案。

對於學生族群來說自然主義風格的裙子就是到大腿中部的裙子，或者迷你裙，或者長裙，多為棉麻布料或者牛仔布料。

以上的風格可以交叉混合，但是最好不要在自己身上展現出多於兩種的風格。不然，你以為的趣味很可能會變成混亂和失去自我，你可以選擇兩個方向來走，但是千萬不要每種風格都插足。

第 2 節 舒適型：SOHO 族或者全職主婦

我有很多 SOHO族和全職主婦的朋友，很羨慕她們不用上班，自由自在。她們或以創意型的工作為主，或作為全職主婦在家。她們穿衣服的主要訴求就是舒適，如果你也是 SOHO 族或者全職主婦，那麼建議你採取舒適型的穿衣法則（如圖 6-1 所示）。

圖6-1《慾望師奶》中舒適型穿衣典範

對於全職主婦或者不需要通勤上班的自由職業者來說，舒適性在她們的著裝要點中就顯得比其他人更加重要。

當然，你的風格可以不僅僅侷限於舒適型，舒適型的衣服在家時穿，外出時可在其他類型中選擇一種自己喜歡的風格。

舒適型的穿衣相對來說比其他類型更簡單，基本款的棉質衣服最適合舒適型不過。

1. 舒適型的穿衣要點：善用基本款

善用基本款，例如，全棉的T恤或者柔軟材質的襯衫做內搭，外面可以斟酌情況加開衫、外套，選擇質料柔軟且不易皺的材質。牛仔褲和卡其褲都可以作為基本搭配，裙裝則主要選擇棉質或者亞麻，傳達出隨意優雅的感覺。

寬鬆為主要訴求，緊身短小的裙子不適合在家工作或者帶孩子。

在不睡覺的時候，就把睡衣脫下來，或者換成全套真絲的菸裝類型的睡衣。

需要出門時，則可以選擇更加優雅和正式的風格。

2. 不要因為不出門就不修邊幅

在家無論是工作還是照顧家庭，特別容易發生的情況就是變得不修邊幅。因為在家沒有人會看到，所以怎麼隨意怎麼來，怎麼舒服怎麼來，甚至有的主婦一身睡衣可以連續穿好幾天。

這樣固然很舒服，但是並不會令人快樂。

我有一個很有才華的朋友就是在家工作，在她成為SOHO族之前，每天高跟鞋、套裙、全妝毫不含糊，整個人也非常有自信。

在家工作之後，雖然收入並未降低，但是她的自信度卻降低了。據我觀察，這和她在家總是不修邊幅有很大關係。不需上班，也不需要見客戶，她把套裝都收了起來，套上睡衣套裝，或者瑜伽服、運動服。總之，每一天都如此，毫無變化。

那些日子，我們一見面，她就會抱怨快遞員和送外賣的人員沒有禮貌，瞧不起她。

我覺得很好笑，就勸她說：「人家怎麼可能看不起你呢？可能是因為你的打扮無法為自己帶來自信吧！」

她若有所思地點點頭。

後來我再去她家，發現她的穿著很好看，寬鬆 Oversize 的棉質襯衫，下身是卡其色的短褲。露出好看的手腕和細白的長腿，非常隨意的性感。

她穿得美麗了，精神狀態也好了很多。

某部電視劇裡說：「變得美麗，人也會變得堅強。」

確實，美麗帶來自信！

第 3 節 知性型：理性且安靜的智慧女

簡單來說，知性型可以分為兩種：一種是中性優雅型，另一種是簡單知性型。

1. 中性優雅型

中性和優雅就是這一類性格女孩適合的衣服，上半身主要由基本款組成，剪裁直線條偏中性。白襯衫也有不同的性格，這是當然的，圓弧領相較尖領女性氣質更濃郁，同樣剪裁合體的白襯衫是否有收腰設計也是決定中性化與否的重要細節。

對於下半身來說，最好能夠突顯優雅和女性化的氣質。中高腰的褲子是個好選擇，合體直筒的褲子若是中高腰，能夠讓你的腿看起來更長。

這一類型的女孩，夏天的基本裝扮是白襯衫配半身裙（略包臀的直身裙，而非百褶 A 字裙）、套裝裙，冬天則是圓領毛衣配半身裙或者長褲，外套以羊毛類大衣為主。

美劇《傲骨賢妻》中的女主角是一位律師，她的穿著以套裝為主，符合人物的職業特徵，突出了知性與專業的特質（如圖 6-2 所示）。

這一類風格的主要訴求是經典，衣服的選擇都是經典款，不追求誇張出色的設計，打造個人風格更多的是靠鞋子、包、絲巾等配件。手錶是很適合這一風格的飾品。

圖6-2 美劇《傲骨賢妻》中女主角的著裝

有時候喜歡中性優雅風的女孩很容易走向男性化，所以為了中和這種男性化的氣質，需要在細節上突出一些女性化的元素，例如鞋子和配件，或者髮型。

有很多理工科系女孩都是這一類型，她們比較安靜和理性，性格獨立，不太追逐潮流，特別偏好中性同時又能展現優雅品味的衣服，比起張揚的設計她們更喜歡整體優雅、細節別出心裁的設計。

圖6-3 日劇《朝5晚9》之女主角穿著

2. 簡單知性型

簡單知性型的穿著以基本款為主，但是比優雅中性型更加女性化，淺色系、大地色的西裝，顏色清淡的襯衫，都是簡單知性型適合的，例如日劇《朝 5 晚 9》中女主角的穿著（如圖 6-3 所示）。

圖6-4《朝5晚9》劇照

日劇《朝 5 晚 9》中女主角的職業是英語教師，她的穿著非常符合她的職業特徵。上班時多穿襯衫、小西裝、風衣、大衣等出現，此外她還擅長用顏色、配件、髮型及妝容來營造女人味（如圖 6-4 所示）。

下半身可以穿窄裙、A 字裙，褲裝可以選擇西裝褲、寬褲，

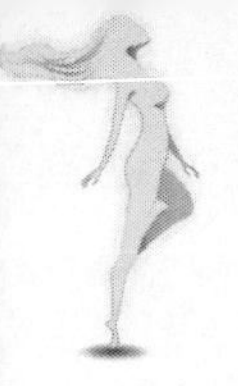

配上高跟鞋是非常優雅好看的（如圖 6-5 所示）。

而在日常約會等場合，可以穿純色、剪裁簡潔的服裝，搭配簡單的裝飾，看起來也非常柔和美麗（如圖 6-6 所示）。

對於這一類型的風格來說，最重要的就是衣服的質地，冬天的首選是羊絨、羊毛類衣物，夏天的首選則是真絲和西裝料。

圖6-5 日劇《朝5晚9》的褲裝示範

第 4 節 權威型：位高權重的「女強人」

· 只有少數人適合權威型

只有少數人適合權威型的穿著。權威型穿著既正式又商務，但是比正式和商務更重要的是，這種穿著代表了地位。它就像戰士的盔甲，輔佐戰士在戰場上衝鋒陷陣，征服敵人。

具有較高社會地位的人才適合權威型穿著，例如大公司的老闆、董事會成員、高級管理者、政治家以及公務員中階層較高的主管等。代表行業是金融、銀行、法律、財會等。

在美劇《紙牌屋》中，第一夫人克萊兒的穿著就是典型的權

圖6-6《朝5晚9》劇照

威型穿著，即使在她成為第一夫人之前，她的穿著也非常沉穩、冷靜、精準，像戰士的盔甲一樣包裹在身上（如圖 6-7 所示）。

她的穿著沒有任何多餘的裝飾，剪裁合體的套裝裙，長度剛好到膝蓋（這也是上流社會女性的典型裙長），黑色的高跟鞋（但不是細高跟，這個高度和形狀很巧妙，再高 1 公分或者高跟鞋的鞋跟再細一點，人物就不再嚴肅冷酷）。

真正的權威型穿著要點如下：

要點 1：顏色

除了酒會和宴會，只穿黑白灰（酒會和宴會上也是以黑白灰為主），任何彩色的服裝都是不夠高級的。在黑白灰中更傾向黑色和灰色，淺色是不夠權威的。

圖6-7 克萊兒的典型印象

要點 2：款式

工作場合穿套裝：上身穿白襯衫，下身穿西裝裙或西裝褲。注意克萊兒的白色襯衫，沒有任何花邊、蕾絲等多餘的裝飾，冷靜、中性是它最大的特點（如圖 6-8 所示）。

圖6-8 克萊兒的白色襯衫

圖6-9 克萊兒的淡藍色襯衫

圖6-10 克萊兒的包

克萊兒的另外一張工作照，穿的是毫無裝飾的淺藍色襯衫（如圖 6-9 所示），這是在任何一家服裝店都可以買得到的款式，但是材質上等。

嚴肅的黑框眼鏡傳達出人物感情冷靜、理性的特質。唯一的配件就是手上的金屬腕錶。

注意克萊兒的手機，白色的 iPhone，沒有任何多餘的裝飾物。這個細節非常有趣，我認識的許多權威人士，手機沒有包括手機殼在內的飾品。手機也和主人一樣，不需要多餘的配件。

在正式場合中，權威型只穿連身裙，或者上下裝同樣材質、同樣顏色的套裝裙、套裝褲，穿著風格經典且永不過時。

此外，正式場合永遠不拉開外套拉鍊或打開釦子。

所有的衣服都是直線條的，沒有蓬蓬裙、過分 S 形的款式。

要點 3：配件

只使用黑色或者灰色的包，樣式要簡單，屏棄任何裝飾。正式場合只使用材質硬挺的包（如圖 6-10 所示）。

黑色的連身裙配黑色的定型包，整體非常簡潔。

衣服和包上都沒有額外的裝飾，首飾也是簡單低調款，沒有任何過分的、華麗的裝飾。

身上也沒有任何累贅的裝飾物（比如飄帶、蕾絲）。

克萊兒穿著灰色的連身裙，選擇的配件是細細的珍珠項鍊和黑色的腰帶，整體看起來既優雅，又有距離感（注意坐姿）（如圖 6-11 所示）。

此外，白金首飾和細巧的鑽石首飾也是可以的，但都要是簡單款，不會在身上叮噹作響。在酒會、宴會以外的場合不佩戴墜式耳環，任何會在身上搖晃的款式都是不受歡迎的。

要點 4：材質

所有衣服的材質都非常穩重，沒有雪紡、紗料等飄逸、薄透露的材質。

衣服的材質絕對不能容易起皺。

無珠光質地為佳。除了宴會場合不穿珠光的材質，如一定要珠光的材質，則只要真絲和綢緞。

圖6-11 克萊兒的珍珠項鍊

克萊兒所有的連身裙都像是兄弟姐妹，材質全是無珠光的。

要點 5：髮型

整齊、嚴肅，沒有大波浪等款式。克萊爾是短髮，很好地去性別化（如圖 6-12 所示）。

圖6-12 克萊兒的髮型

以淡妝為主。弱化性別感是權威型妝容的主要訴求，因此權威型不會抹大紅唇，也不會用嫩粉色。

第 5 節 少女型：浪漫且甜美的優雅少女

比中性優雅多了女性化風格的是少女優雅風，這一風格多了少女元素和線條，比如荷葉邊、小飛俠領，線條更圓潤的連身裙等。

一些墜飾和細帶、蕾絲、繡花、植絨等元素也是少女型的標誌。美劇《花邊教主》中的 Blair 是這一風格的典型代表，但是她的裝扮在電視劇中看著尚可，現實中可借鑑性不高，換句話說，這種穿著需要非常美的臉來支撐（如圖 6-13 所示）。

圖6-13《花邊教主》中Blair的穿著

這一風格需要注意的是「過猶不及」，很容易因太過而演變成名媛風，如果搭配不好或者衣服品質不好，名媛風是很容易顯得過時的。走這類風格不能省錢的，無論是女性化的剪裁，還是蕾絲、荷葉等元素，都需要品質的襯托。

圖6-14《來自星星的你》中全智賢的裝扮

例如這張《來自星星的你》的劇照，全智賢的這身打扮就是典型的少女優雅風，看起來精緻浪漫，因為做工精良，所以沒有絲毫的廉價感（如圖 6-14 所示）。

把少女優雅風的衣服和中性風配件混搭是個好辦法，注意如果上衣太女性化，下裝就盡量簡潔大方。

不要用薄紗搭配雪紡，上衣或者裙子可以是薄紗或者雪紡，但是除了連身裙，不要全身都是雪紡配薄紗，不然會看起來太過日系而給人輕飄飄的感覺，換言之會顯得沒有氣質。

太過飄逸的衣服適合渡假遊玩穿，但不適合日常穿。

在少女優雅的同時盡量做到簡潔俐落，這一風格還需要注意的是，不要使用廉價配件，各種雪紡、大花、塑料的配件能省則省。

最適合這一風格的首飾是白金，細細的白金首飾可以使飄逸的服裝風格顯得高檔穩重。

到了一定年紀（例如過了 30 歲，顯年輕的可以放寬到 35 歲），就可以從少女優雅型往成熟優雅型或者知性型過渡了。

成熟優雅型比知性型更多了一些女人味。

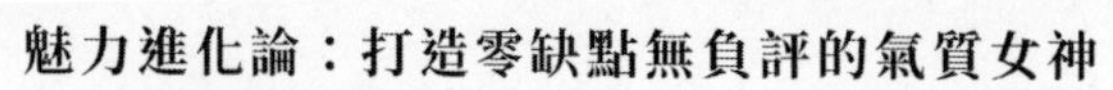

第 7 章 揚長避短的分體型穿衣法

很多人問我：身材有缺陷，怎麼穿衣服才能彌補呢？

在生活當中，你多加觀察就會發現：身材能稱作完美的人並不多見，大多數人的身材都會或多或少有些不足。

與其總是採取遮遮掩掩的方式規避自己的不足，不如將他人的注意力從自己的不足之處轉移到能夠突顯自己優勢的地方。

第 1 節 梨形身材的穿衣法

梨形身材是指上身小下身大的身材，人們很容易將梨形身材與沙漏形身材弄混，事實上我們透過兩種實物很容易區分這兩種身材，沙漏是上大中間細下又大，而梨是上面小，下面大，其實很容易區分（如圖 7-1 所示）。

1. 把注意力吸引到上半身

梨形身材選擇衣服需要考慮的是將上半身的寬度加大，讓上下身材比例平衡。

上衣可以選擇稍低胸的款式。鎖骨和胸口露出可以讓人從視覺上覺得上半身的寬度更寬，並且將目光集中到胸口，進而忽視下半身的身材。

相反地，梨形身材如果將胸口和鎖骨都包裹起來，會使缺陷更加顯眼，這樣做顯然是不明智的。

一字領、V 領的衣服都是梨形身材的不錯選擇。

在配件的選擇上，較為誇張的項鍊和耳環等都可以。

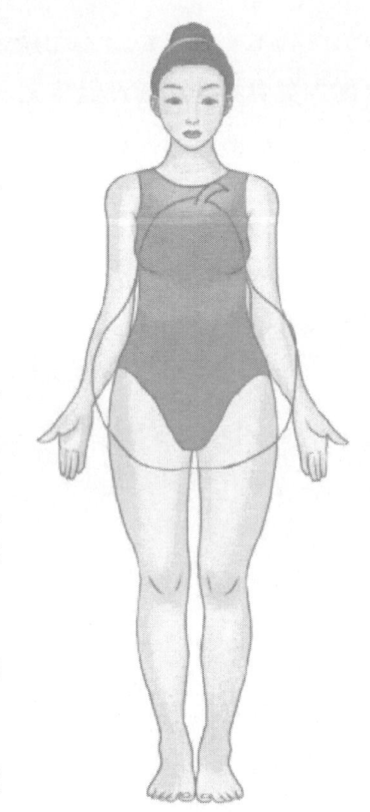

圖 7-1 梨形身材

如果梨形身材的人想要穿夾克樣式的衣服，那麼需要注意的是衣服的長度，衣擺最好不要剛好到下身最寬的位置，這樣會將下半身的缺點放大，使整體身材顯得比例失調。

另外，最好選擇一些下擺有一點向下弧度的上衣，長度則剛好到臀部的位置，這樣能夠讓你的臀部看起來比實際上小一些。

2.A 字形裙、有一定蓬度的裙子是最佳選擇

關於下半身的服飾，A 字形的裙子、具有一定蓬度的裙子是最佳選擇。避開那些突顯臀部的裙子，比如包臀裙之類，這種裙子會讓你的臀部看起來更大。

裙子長度的選擇，以到膝蓋或者稍微向上一點為最好。

總的來說，梨形身材要將穿衣重點放在上半身，鎖骨和胸部都可以適當地露出，以吸引注意力，而下半身則盡量低調，多穿 A 字形裙子。

肩寬的話可以選擇一些能夠修飾肩寬的服飾，不要選擇燈籠袖的上衣，不要選擇吊帶。身高不夠可以選擇高跟鞋，穿裙子或短褲，長度應在膝蓋或者稍微往上的位置，長褲應該選擇寬鬆型，長度則以蓋住腳背和鞋跟的二分之一為最合適。

第 2 節 蘋果形身材的穿衣法

梨形身材講完就是蘋果形身材了。蘋果形身材是指上半身明顯大於下半身的身材，像個蘋果一樣上大下小。蘋果形身材通常有著纖細的雙腿（如圖 7-2 所示）。

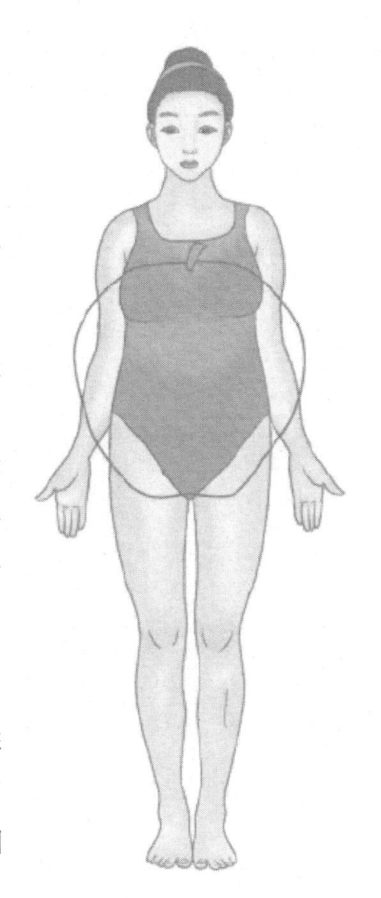

圖 7-2蘋果形身材

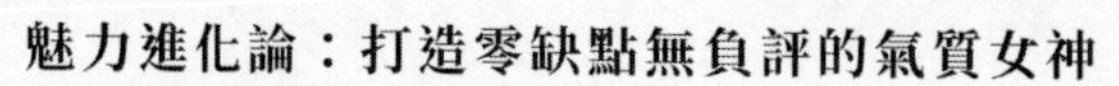

1. 蘋果形身材：請把注意力吸引到下半身

先說蘋果形身材的穿衣宗旨：上半身足夠簡約，重點放在腰部和臀部的曲線打造上，突出下半身。

蘋果形身材與梨形身材剛好相反，上半身較大，而下半身與上身相比較為瘦小，沒有曲線。很多蘋果形身材的人看起來沒有胯，胯部相對全身來說太窄。

所以，蘋果形身材的人穿衣需要注意的是，增加自己下半身的曲線以及視覺上的寬度。

將腰部突顯出來，這點對於蘋果形身材的人來說非常重要。各種類型的皮帶或者蝴蝶結都可以選擇。

一些長度到臀部或者超過臀部的衣服也可以選擇，但要注意這些衣服要收腰，然後下擺是散開的，這樣就能夠打造出下半身的曲線。

蘋果形身材的人可以選擇 V 領、圓領、高領等上衣。

2. 蘋果形身材選擇上衣要低調簡約

在選擇上衣時要以簡潔低調為主，不要太過複雜花稍。例如多層蕾絲、條紋、印花等就不適合了，因為這樣會將人們的注意力吸引到你的上半身，原本就較大的上半身會更加顯眼。

蘋果形身材的人上半身較大，下半身較小，腿通常都比較瘦，所以可以放心地把腿露出來。

稍微短一點的裙子是好的選擇。

在下半身服飾的顏色選擇上，蘋果形身材的人可以大膽地選擇一些比較醒目的顏色，這樣能夠將人們的注意力吸引到你的下半身。

選擇褲子也是同樣的道理。

第 3 節 沙漏形身材與直板形身材的穿衣法

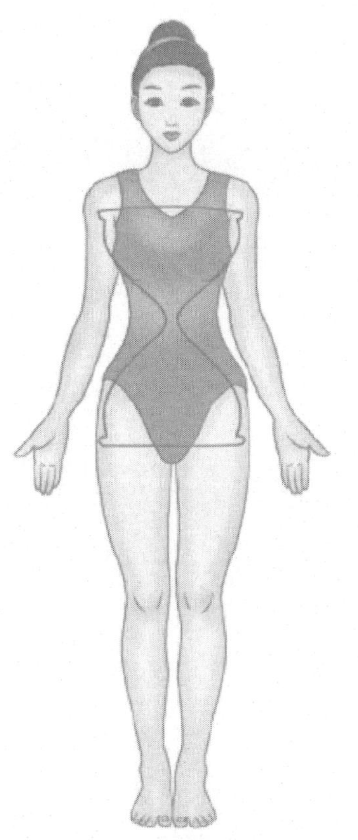
圖7-3 沙漏形身材

1. 沙漏形身材：選擇剪裁合身的衣服能夠完美展示曲線

梨形和蘋果形身材講完了，現在該輪到沙漏形身材了。沙漏形身材具有胸大、臀部大、腰細的特徵，就像個沙漏一樣（如圖 7-3 所示）。

沙漏形身材是許多女性所追求的身材，也是很多男性心中的完美身材。

美劇《廣告狂人》中的女主角就是沙漏形身材的代表，她在劇中的主要裝扮是連身裙，這些連身裙風格各不相同，但是都很強調收腰（如圖 7-4、圖 7-5 所示）。

這種身材在穿著打扮時，要重點將身體的曲線突顯出來。選擇剪裁合身的衣服就能很好地將身材優勢發揮出來。

需要注意的是，不要選擇一些讓自己看上去變壯的衣服——沙漏形身材可以多穿鉛筆褲、鉛筆裙，拋棄寬鬆款的衣服，果斷展示自身優點！

2. 直板形身材的穿衣法

還有一種身材，就是像男孩一樣的身材，直上直下，簡單點兒說就是身材沒有什麼曲線，這種身材叫做直板形身材（如圖 7-6 所示）。

直板形身材的優點是纖細，缺點則是沒有什麼曲線。

直板形身材是所有身材中最有時尚感的，個子高的直板型身材穿什麼都好看，簡直就是人形衣架子，怎麼穿都有瀟灑的風骨。

圖7-4 美劇《廣告狂人》劇照

圖7-5 美劇《廣告狂人》劇照

個子高的直板形身材，可以盡情地選擇長風衣、長大衣，立刻讓你的氣場放大！

個子矮一些的直板形身材穿了合適的衣服也會有一種靈氣，直板形身材兼具少年感和少女感，個子高矮的不同，展示出來的特質也不同。

這種身材很好打理，參考梨形身材上半身的打理方法，再參考蘋果形身材下半身的打理方法就可以了。

如果你想要增加自己上半身的曲線，那麼可以選擇胸口部位有裝飾的衣服，裝飾包括蕾絲、印花或者大領口等。

然後下半身穿得簡潔低調就可以了。

如果想要突顯腰部線條，那就選擇收腰的服飾，或者配上腰帶。如果想要增加下半身曲線，那就選擇顏色鮮明的服飾，款式上可以選擇大擺裙、蓬鬆裙、寬腳褲。

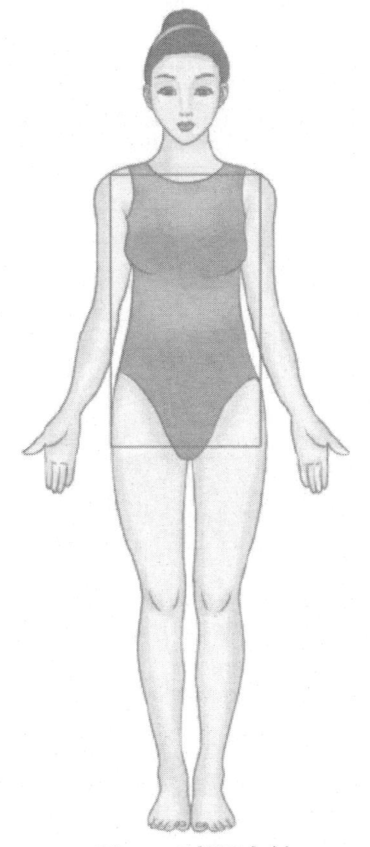

圖7-6 直板形身材

第 4 節 胖女孩怎麼穿？

1. 體重並不能說明一切，體型才是判斷標準

我們生活的社會是一個以瘦為美的社會，全世界的女孩不分國籍、不分種族都在追求瘦身。但是瘦是有一個限度的，過度的瘦並不能讓人賞心悅目，健康的瘦才應該是我們追求的目標，當然這些不是現在要討論的問題，我們回歸正題，從偏胖的身材開始討論。

一說到偏胖，相信大部分人腦中的第一反應就是體重數字，實際上體重數字並不能說明問題。如果一個女孩沒有明顯的曲線，而且身材看上去偏圓，那就可以列為偏胖身材。所以屬於偏胖身材的女孩在選擇衣服時，主要考慮

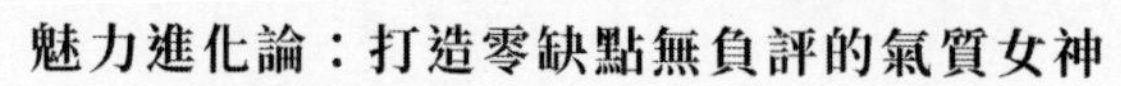

的因素是將自己的曲線顯示出來，讓自己的腰胯分明，這樣身材自然就會好看很多。

2. 偏胖身材要遠離的幾種衣服

先說幾種偏胖身材不適合穿的衣服：

A. 鬆垮類型的衣服或者上身寬鬆下身緊身的衣服。較瘦的人適合這種類型的衣服，可以使自己的身材看上去更纖細，但是偏胖的人穿上這種類型的衣服會讓身材看上去更膨脹。

B. 縮口牛仔褲、內搭褲。這些褲子會將偏胖的人的腿型暴露出來，放大自己身材的缺點。

C. 夾克類型的上衣。夾克會將你的上半身緊包起來，讓你上半身顯得更圓。

D. 戴帽子的上衣。帽子會給人十分累贅的感覺。

E. 帶有卡通圖案、大型英文字母、大型花紋圖案、橫向條紋的衣服都不是好的選擇，因為這些圖案會讓視覺產生膨脹感，使自己的缺點更突出。

F. 鞋子方面，運動鞋和雪靴儘量不要穿，這兩類鞋子會讓人看上去邋遢，而且會顯得腿短。

3. 胖女孩穿衣原則：要拉長比例不要臃腫

偏胖身材的人在衣服的選擇上需要注意：要盡量選擇能夠拉長自己身材比例的衣服，避免讓人視覺上有膨脹感的衣服（如圖 7-7 所示），適合的衣服有以下幾種：

A. 長款並且有收腰的衣服（盡量不要選擇短款的上衣）。例如，長款有略微收腰效果的風衣、西服，能夠配腰帶是最好的，但是腰帶記得不要放在腰間，而是要在背後繫，以強化腰部曲線，這點對於偏胖的身材非常重要。

圖 7-7 胖女孩穿衣——要拉長比例不要臃腫

B. 褲子選擇長度適中、直筒剪裁的款式，牛仔褲、西褲都可以，但是要避免七分、九分之類的褲子，臀部和大腿部位要以合身為準，不要選擇寬鬆或者緊身的。直筒的款式會讓人視覺上產生拉長的效果。

C.T 恤或者針織衫選擇 V 領的，可以造成延長頸部和連續線條的效果。圓領上衣並不推薦，如果一定要選擇，那麼記得選擇大圓領或者一字領，小圓領是必須拋棄的，因為小圓領會讓人看起來脖子短、臉圓。顏色方面純色是最好的，印花什麼的都盡量不要，如果想要加一些裝飾，可以配上項鍊。

D. 對於偏胖體型來說，尖領襯衫是一個好選擇，一件好的尖領襯衫還可以將贅肉隱藏起來。要選擇偏硬一點的材質，不要選擇柔軟的材質，柔軟的材質對於偏瘦體型的人比較合適。襯衫大小以合身為準，寬鬆或者緊身的都不適合。

E. 很多偏胖身材的女孩不願意選擇裙子，但實際上，一些直身裙是可以選擇的。裙子長度到膝蓋位置或者略過膝蓋都可以，一條細腰帶是不錯的搭配（寬腰帶不要選，會造成相反的作用），襯衫或者針織衫都可以作為搭配的選擇。連身裙中 A 字裙或者直身裙也可以選擇，同樣配上細腰帶也能夠修飾身材。裙子當中要記住百褶裙和蓬鬆裙襬的裙子是不可以選擇的。

F. 皮鞋可以選擇有跟的，這樣會將你的小腿線條拉長，不帶跟、尖頭的平底皮鞋也可以，但注意不要選擇圓頭的皮鞋，因為這樣會讓你的腿顯粗。運動鞋不建議選擇，如果一定要選擇，那麼應該選擇樣式簡單、色彩低調的。因為這類鞋子通常較容易引起人的注意，進而將人的視線引向腿部，所以腿部線條好的人比較適合這類鞋子。

G. 衣服的花紋顏色都需要注意。如果選擇有圖案的衣服，就要挑選圖案有規律或者直條紋的，有印花的面積不能太大，色彩對比要柔和。黑色或者同類暗色系的衣服能夠讓人在視覺上有收縮的效果，所以黑色、暗色系的裙子或者外套，身材偏胖的女孩可以多選擇。

不要因為自己身材偏胖就選擇一些寬鬆的衣服，希望以此掩蓋自己的贅肉，這樣不但不能掩蓋贅肉，反而會給人一種邋遢的印象。贅肉並不可怕，可怕的是有贅肉而且身材沒有線條。當然，無論我們的身材是否苗條，我們的衣服是否昂貴，只要自己內心充滿自信，那麼無論在什麼地方，你都是最引人注目的那一個。

有的女性肚子比較大，該怎麼辦呢？有些單品能有掩蓋肚子的效果，比如 A 字形的長衫和高腰衫，娃娃衫也可以。總之，如果自己肚子上的贅肉較多，那麼就要注意避免穿那些修身的、將自己肚子包裹得很緊的衣服。

每個人都有一顆愛美的心，特別是女孩子。所以如何選擇衣服、搭配衣服是女性非常熱衷的話題。

身材偏胖？偏瘦？膀大腰圓？胯大腿粗？身材能夠稱作完美的人只是少數，大部分人的身材都存在這樣那樣的缺陷，在我們改變自己的身材之前，缺陷需要我們透過選擇適合的衣服來進行修飾，突出自己的優點。

我們在選擇衣服的時候，應該從自身情況出發，分析自己的優缺點，選擇能揚長避短的衣服，避免出現東施效顰的情況。

第 5 節 腿不好看，穿衣服就不能漂亮了嗎？

兩條筆直而修長的美腿是所有女孩子都夢寐以求的，但現實中大部分人都沒有，不過不用為此而苦惱。先不說平凡大眾，就算是專業的伸展台模特兒、螢幕演員，也並不是都有完美的身材。Kate Moss 的腿呈 O 形，但依然成為了時裝超模；我喜歡的一個模特兒因為曾經練過芭蕾舞，導致小腿較粗，但是她的魅力並沒有被她的小腿所影響……。

如果你覺得自己的腿型不夠好看，那麼除了平時多鍛鍊改善腿型之外，還可以透過衣服進行改善，或者讓人視覺上發生變化。

對於亞洲人來說，有 3 種問題腿型是比較常見的：O 形腿、腿與身高相比過短、小腿較粗。

對於腿型的視覺效果，造成關鍵作用的是褲子和鞋子，而全身整體的搭配此時顯得並不是很重要。褲子和鞋子選擇對了，就會讓腿型從視覺上變得好看。

1. 直筒褲和微喇叭褲？ YES

直筒或者微喇叭的褲子是不錯的選擇，如果你的大腿比較細，可以選擇大腿和臀部比較修身的褲子，這樣就會讓人忽視你小腿的缺點。很多女孩喜歡選擇內搭褲，實際上如果你的腿型不好，那麼一定不要選擇它。首先內搭褲會將你的腿型完全暴露出來，其次內搭褲的長度剛好到腳踝，這會讓人在視覺上感覺你的腿比較短。連褲襪倒是一個不錯的替代品，因為穿上連褲襪後從腿到腳整體顏色一樣，讓人產生連貫感，無形中會有拉長腿的效果。

短褲或者裙子並不是只有腿型好的人才能穿，腿型不好的女性同樣也能穿，但是注意長度要以露出膝蓋為標準，下面不需要再搭配襪子，不用考慮如何才能將自己腿的下半部分遮擋住，光腿在這種情況下會顯得更加自然，

腿也就顯得長一些。千萬不要選擇長度剛到膝蓋下面或者在小腿中間的裙子，那樣會讓你小腿的缺陷加倍突顯。

2. 低腰褲：NO

低腰褲已經流行了一段時間，雖然低腰褲能夠加強腿部曲線，但是除了這一點之外，它就沒有別的優點了，穿著不舒服、容易走光，而且還會讓腿顯得短。

曾經見過有女孩上半身穿一件較長的修身 T 恤，下身搭配低腰褲，這樣搭配走光是不會了，但是會讓腿顯得更短。選擇的褲子後面有口袋時，可以根據口袋的位置來判斷褲子是否適合自己，正常褲子的褲袋剛好在臀部的位置或者略微偏上，這就比較合適，要避免那些褲袋較低的褲子。低腰褲會讓你的腿顯短，低襠褲的效果與低腰褲相比有過之而無不及，建議身材比例不是特別好的就不要去嘗試了。

3. 短褲配內搭褲？ NO

內搭褲外面再配上牛仔短褲這種穿法似乎這兩年比較流行，也不知道是從什麼時候開始的，但是這樣的搭配實在算不上是好的搭配。短褲設計出來就是為了光腿，如果短褲再搭配其他褲子，就是兩層褲子套在一起了，在視覺上讓人感覺腿被明顯分割了。特別是牛仔短褲搭配彩色的內搭褲，再加上靴子，兩條腿看上去感覺像被分成了三段，這樣的分段無論什麼樣的長腿也不會好看。

如果一定要選擇這種搭配，那麼要注意三點：首先，牛仔短褲必須要排除，可以選擇其他比較寬鬆的短褲，或者短裙褲也可以；其次，裡層要選擇與外褲顏色相同的連褲襪，略有透明度的最合適，毛線襪之類的要避免；最後，靴子或者運動鞋不能選擇，這種搭配適合穿能夠露出腳背的皮鞋。

4. 高跟鞋？ YES

腿型不夠好看時，選擇鞋子就顯得十分重要了。高跟鞋很常見，其作用想必大家也都瞭解，我就不多說了，可以多選擇幾雙備著。我想說的是，在春、夏兩季時，要盡量選那種可以將腳背露出來的鞋子，這樣從小腿到腳背具有連貫性，能夠有效地從視覺上把腿拉長。

5. 橫向鞋帶？ NO

不要選擇那些鞋帶橫向的鞋子，特別是一些鞋子的橫向鞋帶一直繫到腳踝處，穿這種鞋子的效果同內搭褲一樣，會顯得腿短。羅馬鞋是要堅決避開的，因為羅馬鞋的鞋帶不但是橫向的，並且有多根，多根的橫向鞋帶會將我們的腿變得又寬又短。

6. 如何選擇靴子

靴子最近兩年比較流行，但對於腿型不好的女孩來說還是要小心選擇，這樣的鞋子與上面說的內搭褲配靴子一樣，會讓小腿與腳部失去連貫性，同時也很容易將小腿的缺點暴露出來，所以不推薦選擇這種靴子。

想要穿靴子，長靴是一個很好的選擇，不容易出現問題。在選擇長靴時需要注意兩個地方的寬度，一個是靴子在腳踝處的寬度，一個是靴子在小腿肚處的寬度。想要透過長靴來顯示自己的腿細，那麼這兩個地方一定要寬，靴子不能緊緊包裹著自己的腿，有一、二根手指的餘裕是最合適的。

腿型雖然對於一個人的身材非常重要，但是如果有一、二處缺陷也不用太過煩惱，整體的格調及品味對於穿著才是最重要的。學會深入地瞭解自己的內心，瞭解自己的身體，當你做到這些時，你的穿衣也就能夠有屬於自己的風格，同時也會變得更加自信。

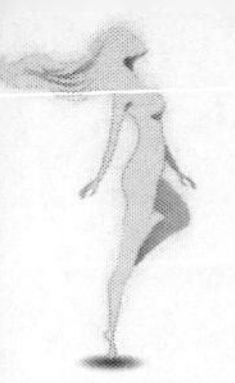

第 6 節 小個子女孩的穿衣法

作為一個小個子女孩，你需要的是以下打扮（如圖 7-8 所示）。

· 合身的經典簡約款衣服

· 能讓別人產生興趣的上衣

· 避免大塊的印花

· V 領連身裙

· 簡約經典款的高跟鞋

· 避免被分成兩截以上

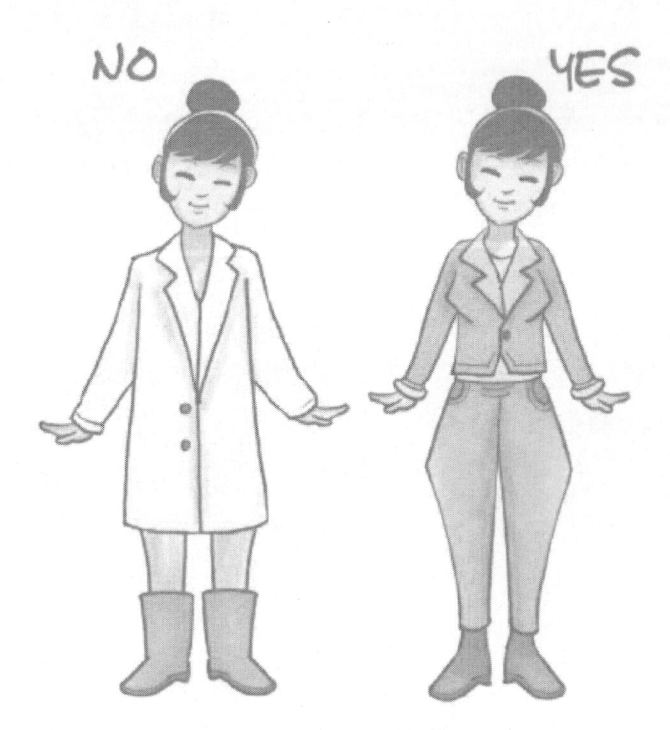

圖 7-8 小個子女孩子的穿衣法

要點 1：顏色對比不要太強烈

選擇的衣服上下身顏色對比不要太強烈，這樣可以讓你的上下身成為一個長條，會增加視覺高度。如果衣服上下身顏色對比強烈，那麼身體就會被色塊切開。

要點 2：焦點遠離下半身

選擇的衣服要能夠讓他人的目光遠離下半身，將注意力集中在上半身，這樣腿短的缺點就不容易被人注意了。如果你對自己的鎖骨、脖子或者胸部有自信，那麼正好都能夠透過穿衣展示出來。

V 領、大領口、漂亮的印花、脖子上佩戴吸引目光的飾品、將自己的肩膀露出等，都能夠造成吸引他人目光的作用。

反之，要避免那些容易將他人目光集中在腿部的衣服。

要點 3：印花不要大於自己的拳頭

衣服的印花不要比你的拳頭還大。

大印花太容易搶奪目光，讓人從遠處第一眼看去只看到印花，而忽視了人。

要點 4：寬褲是個不錯的選擇

褲子要選擇寬褲，並且要能夠遮住部分腳跟和腳背，以延長自己腿部的線條。

高跟鞋搭配寬褲，瞬間就能將腿部拉長，而且鞋跟的高度還不會很明顯。

現在的女孩們都喜歡穿窄管褲，窄管褲會將腿部與腳部截斷，無法有將腿部線條延長的作用，如果還是一個小個子，那麼效果就更糟糕了。

要點 5：連身裙是你的好朋友

連身裙能夠打造出垂直的線條，對於小個子也非常適合。

高腰裙、能夠將肩膀露出或者 V 領的裙子也可以選擇。

在裙子長度上，剛到膝蓋或者在膝蓋稍微靠上的位置比較適合。

要點 6：選擇合適的鞋子

相信有點矮的女孩子都喜歡高跟鞋，其原理與之前說的一樣，都是將腿部線條拉長。但要記得鞋面不要有橫向帶子或者裝飾，這樣會破壞腿部的線條。

對許多人來說，身高對於穿衣是否好看起決定性的作用，事實上這個看法並不完全正確。有些過高的人也會因為身高問題而煩惱，擔心自己的身高為他人帶來壓迫感，或者在人群中存在感過強。相較之下，小個子女孩就有了優勢，因為身材嬌小，穿著反而多了很多選擇。所以高矮各有優勢，沒有必要為了自己的身高而煩惱。穿衣在於搭配合理，尺寸合適，符合自己的風格，高矮並不是問題。

總的來說，小個子女孩選擇衣服需要注意的是：衣服能夠展現出比例，避免讓人視覺上有沉重感。至於衣服選擇什麼樣的款式、什麼樣的風格則不須過度糾結，每個人適合的都不一樣，只要自己感覺符合自己的氣質就可以。現在我們來說一下小個子女孩穿衣需要注意的幾種情況。

上面寬鬆下面緊身的穿衣方法，這種穿法上身可以選擇長 T 恤、長外套等。小個子女孩使用這種穿法需要注意上衣的長度，超過自己臀部一拳的長度是最合適的，不要超過這個長度，再長的話就會讓身材整體比例失調，造成適得其反的作用，另外，這種穿法搭配高跟鞋最合適。

黑色是經典顏色，很多女孩都喜歡黑色衣服，但是建議小個子女孩不要選擇大面積黑色的衣服，大面積的黑色會讓人視覺上產生沉重感，身材就顯得更加嬌小了。

如果選擇的大衣是連帽的那種，那麼帽子的大小也需要注意，不能太大，帽子邊上不要有毛，這些都會讓人從視覺上產生沉重感，讓個子變得更矮。

對於長款的大衣，長度選擇剛好過膝蓋的就好，大衣有腰帶最好，如果沒有可以自己找一條搭配，透過腰帶突出身材的比例。

鞋子的選擇也要注意，例如，鞋跟較高的高跟鞋，鞋底非常厚的厚底鞋、楔形鞋等都比較合適。

選擇長裙需要注意的地方和選擇長款大衣基本一樣，都是要注意長度問題。

小個子且身材單薄的女孩，盡量不要選擇太過緊身的衣服，可以找一些能夠產生視覺膨脹感的衣服。比如泡泡袖、蓬鬆裙等具有層次感的衣服，壓褶設計多一些的衣服，橫向大條紋的衣服，顏色以淺色為主色調的衣服，都能產生視覺膨脹感。

第 7 節 胸部大的女孩如何穿衣才能性感而不俗氣？

這段時間有好幾個女孩找到我，向我抱怨自己的胸部太大，導致不知道穿什麼樣的衣服合適，胸部大無疑為許多女孩子造成了穿衣上的困擾。那麼因為大胸部感到困擾的女該該怎麼辦呢？

建議從兩個方面下手：塑型和穿衣。

穿衣之前先塑型。

塑型分為 3 個方面：

1. 減腰圍（腰圍要控制在 70 公分以下）

大胸部已經容易看起來臃腫，如果再配上粗腰，那還真的很難獲得良好的穿衣效果。有的大胸部女孩小腹還比較突出，這時就要把小腹減下去。

大胸部不是不能穿衣服好看，但是腰一定要細。建議女孩們將腰圍控制到 70 公分以下，腰圍至少要和胸圍的底圍持平。

2. 穿縮胸內衣

現在日本的縮胸內衣非常紅，華歌爾等品牌都推出了縮胸內衣，目測應該有一定效果。可以找日本代購，購買縮胸內衣來穿（如圖 7-9 所示）。

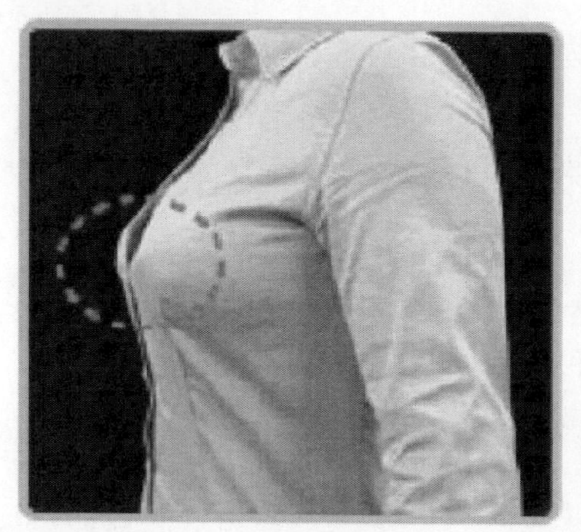
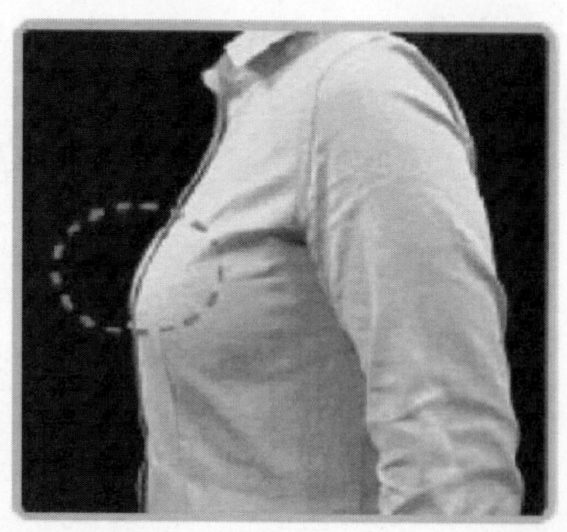

圖 7-9 縮胸內衣的效果

3. 減肥

還有一個辦法是透過做運動來減肥，很多女孩胸圍大是因為背厚。我見過很多女孩脫了衣服內衣肩帶陷入背部脂肪的，所以這就需要透過運動來減肥。先判斷一下自己是單純胸部大，還是後背也很肉。如果是背厚，那麼就只能透過鍛鍊了，背厚怎麼穿也不會好看的。

腰圍縮小（這樣就可以不用穿高腰的衣服了，很多大胸部女孩因為腰圍也粗，所以喜歡穿高腰的衣服，其實這是錯誤的，高腰真的是瘦子的專利啊！）、胸部透過穿內衣和減背縮小一些、體重減輕一些，就比較好穿衣了。

大胸部女孩穿衣的祕訣有以下幾個：

1. 露膚不露溝

上衣一定要露出脖子和鎖骨，這樣露出的肌膚會很性感，但是請不要露出乳溝。襯衫、V 領衣服、一字領、U 領都是不錯的選擇，但是注意露鎖骨不要露到胸，看到乳溝是不行的，會給人低俗的感覺（如圖 7-10 所示）。

圖 7-10 適當露出肌膚會使大胸部女孩顯得優雅、纖細

襯衫可以內搭吊帶。

我認識一個女孩，天生大胸部，她選擇衣服的時候，非常注意領口開的位置和大小，她總是選擇那些能夠露出一點頸部和鎖骨的衣服，顯得非常曼妙。

上班可以穿黑色套裝，大胸部女孩可以選擇領口開得不那麼低的，但是領口一定要敞開，不要繫上。如果你穿了一身黑，為了顯得不那麼沉重，最好把頭髮梳起來，露出頸部和鎖骨，這樣會很好看。

西裝裡面可以穿一些柔軟材質的內搭，比如吊帶和襯衣，同樣要露出一小塊皮膚，但是不要露乳溝，掌握好分寸很重要。

如果你穿得很有女人味，就可以把頭髮綁起來，如果頭髮是捲髮，並且披散，那麼可以穿中性一些，總之衣服和髮型要協調。

夏天上班可以穿襯衫裙，腰部要收一下，這樣才會顯得腰細，但是不要過分。

2. 不要穿讓胸部顯得更大的衣服

選擇深色上衣可以打造出看起來比較苗條的上身。

不要在衣服胸部的位置再增加裝飾，花紋、褶皺、口袋之類的都要避免，大胸部的女孩不適合這些，它們會讓你的胸部更加突出。墊肩及寬鬆的袖子也會導致這樣的問題。

V 領衣服及桃形領衣服都可以選擇，這些衣服能夠讓你的上身顯得較瘦且挺拔。

牛仔襯衫是可以的，但是牛仔服不行。薄薄的羊絨毛衣（最好是 V 領）可以，但是厚粗棒針（最怕高領）不行。

夾克樣式的衣服要選擇無領和收腰樣式的，雙排扣和較大的領子要避免。

簡單的 T 恤和雪紡上衣都可以，但是釘大片珠子和層層疊疊的褶皺是不行的。

任何反光材質的上衣都是不行的。

下半身衣服要選擇一些能夠和你上半身保持平衡的，例如喇叭裙配上一件合身的襯衫或夾克。

當你穿著兩件式泳衣時，要選擇下身不是太過窄小的。

3. 注意收腰

所謂收腰不僅僅是在腰部收一下，收的位置也是很重要的。前面說了不要穿高腰的褲子或裙子，那是瘦子的專利，而太低腰的衣服也不行，會更顯得上身較長（如圖 7-11 所示）。

注意圖 7-11 收腰的位置，理想的收腰位置大概在肚臍上一寸。

冬天毛衣配一步裙是很適合的，但要注意一步裙不要太緊，把臀部包得緊緊的是不行的！

夏天襯衫配窄裙也會很好看。

4. 注意衣服的材質

圖7-11《廣告狂人》劇照

衣服要選擇較為貼身的，但是不能緊緊包裹住身體，這會讓你的胸部更加搶眼；衣服太過寬鬆也不行，會讓你的身材看上去十分臃腫。

含有少量萊卡材質的衣服是一個好選擇。

以毛衣來說，100％純羊絨毛衣是很好的選擇，不是純羊絨，羊毛混紡也是可以的，但是化纖就最好不要了。或者說，身上可以有一件是化纖材質的，但是不要件件都是化纖的。

冬天大衣不要考慮 90％以下羊毛的（不過特別好看的可以放寬到 80％）。

就顏色來說，盡量選中性色和純色，因為身材已經很火辣了。

第 8 節 平衡和展示優勢

1. 比適合身材更重要的是適合風格

選擇衣服之前，首先要瞭解自己的風格，其次要考慮自己選擇的衣服是否符合自己的風格。

只要衣服的風格符合自己的氣質，比例合身，尺寸合適，再根據自己的身材類型注意一些細節，很容易讓人眼前一亮。

很多人都有一個問題，就是注意力總是放在自己缺少的東西上，而自己擁有的東西卻不去重視，穿衣同樣也是這樣。

其實對於那些自己沒有的東西沒必要羨慕，與其抱怨自己的身材有這樣那樣的缺點，不如找到自己身材的優點，然後利用這些優點去穿衣，改變自己的形象。

2. 平衡 & 展示優勢

很多人問我：身材有缺陷，怎麼穿衣才能彌補缺陷？

其實我覺得「彌補」這個詞用得不是很恰當，因為我並不同意使用遮蓋、掩飾的方法去隱藏自己的不足，這樣做有時候會適得其反。

我喜歡用的方法是轉移注意力，讓人們忽略身上的缺陷。

將他人的注意力從自己的不足之處轉移的方法就是突出自己的優勢，引導他人的注意力集中在自己完美的地方，這樣不足之處自然就被弱化了。

說了這麼多，其中最關鍵的就是——「平衡」和「展示優勢」。「平衡」就是選擇衣服時要根據自己的實際情況考慮上半身和下半身的比例，最終達到協調。例如梨形身材的人要縮小下半身，增大上半身；蘋果形身材的人要將自己的上半身縮小，增加腰部的曲線。

例如有的女孩身材整體還不錯，但是肚子特別大（如圖 7-12 所示）。

圖 7-12 大肚子女孩的穿衣方法

這時穿能夠遮蓋大肚子的高腰衣服是個很好的選擇。而如果你的脖子相對較短，就不要穿高領衣服，以免更加自曝其短，能夠顯露脖子修長的大 V 領會更適合你。

「展示優勢」也很好理解，就是找到自己身材上的優勢，然後將這些優勢作為展示的重點，選擇衣服時以將他人的注意力吸引到這些優勢上為目的，進而淡化自己身材上的缺點。

不要總是認為自己全身上下沒有一個優點，不同部位之間相互作比較，總有一個部位是比其他部位更好看的。

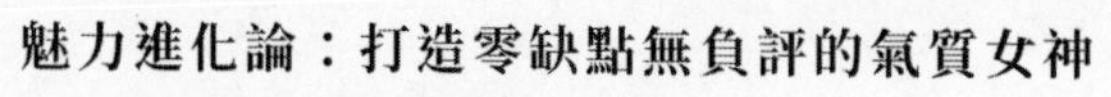

第 8 章 你來自哪個色彩體系？

你想過嗎，為什麼有的人適合某種顏色，有的人不適合？為什麼即使是絕色美女，穿的是最好的高級禮服，出來的效果也會時好時壞？

答案是：顏色自有它的規律和祕密。只有瞭解顏色，才能駕馭它。每個人都有自己適合與不適合的顏色，當你對色彩有所瞭解時，穿衣時顏色選擇的難題就迎刃而解了。

第 1 節 選擇顏色前，先做色彩的功課

一整套衣服透過色彩可以得到最直觀的展示，所以衣服顏色的選擇十分重要。選擇顏色前，我們需要對顏色做點功課，以便對其有基本的瞭解。

1. 色彩分冷暖色

顏色分為冷暖色，冷色是指讓人感覺較冷的顏色，例如青、藍、紫；暖色是指讓人感覺溫暖的顏色，例如紅、黃。

在實際生活中，同一種色調，也會有冷暖的區別。例如，紅色和粉色通常被認為是溫暖的顏色，橙紅色是暖色系，給人溫暖之感，而藍色，就是冷色系。

2. 黑白灰是基本色

再說一下三種基本色——黑、白、灰。白色是萬金油顏色，什麼類型的人都適合，不需要多說。黑色也是人人都可以穿，但是如果是比較嬌小的女孩，建議就不要選擇太多的黑色，會讓人感到壓抑。

另外，如果你的皮膚不太好，比如有痘痘或者皮膚蠟黃，那麼也要避開黑色，黑色會將你的膚色襯托得更差。

灰色在我眼中是非常優雅的一種顏色，並且是最好搭配的，無論與什麼顏色在一起，都很少出錯，所以灰色的單品可以多存一些。

3. 色彩的基本搭配規則

其實色彩的搭配並沒有固定的標準，在搭配時注意以下三點就可以了：

第一點，全身衣服的顏色除去白色和黑色，不要超過三種；第二點，如果想要搭配出低調優雅的效果，那麼最好全身衣服的顏色選擇同一色系；第三點，想要搭配出個性，更加出眾，可以選擇對比色進行搭配。

如果知道如何選擇符合自己個性的衣服，同時又瞭解自己的膚色適合的顏色，那麼在穿衣方面雖然不能保證做到出眾，但至少不會犯錯。學習穿衣搭配是有規律可循的，但是當我們對自身已經十分瞭解時，選擇衣服其實就是跟著自己的感覺走，找到適合自己的風格，再根據不同時間、不同場合進行適當的調整，這樣就已經很好了。我們沒有必要像百變女王般一天三變，只要我們能夠在自己的穿衣搭配中享受到樂趣就足夠了。

4. 每個季節都有專屬顏色

每個季節都有專屬顏色，比如夏天穿鵝黃色就比冬天穿鵝黃色更合適，那種鮮嫩不太適合嚴冬。冬天穿酒紅色、棕色也比夏天穿更合適，夏天穿紅色和棕色會令人聯想起深秋和嚴冬。

基礎的顏色是白色、黑色、灰色，但任何無彩色的顏色都可以看作是基礎色。

確定自己適合的顏色主要考慮二個因素：一個是自己的膚色，另一個是自己的個性。

在本章中，我們將女孩分成了 4 個色彩類型，這 4 個色彩類型只是說明你更適合哪一類顏色，在實際選擇中，你可以根據自己的個性做調整。

很多人認為年輕就應該穿鮮豔的顏色，年老就應該穿素雅的顏色，其實並不是這樣的。色彩是需要考慮年齡的因素，但影響並不大，也不會有什麼矛盾。如果素色的衣服符合你的個性，並且和你的膚色相配，那麼年輕人也可以穿；同樣的，如果顏色鮮豔的衣服和你相配，即使上了年紀穿也同樣光彩照人。

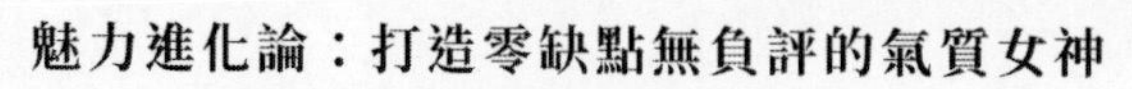

5. 你也可以根據自己的個性選擇顏色

以我自己為例，我是比較內斂的個性，所以低調的色彩比較適合我，例如黑色、白色、灰色、藍色、墨綠色、薑黃色等。

然而我的皮膚偏黃，並不是透亮的那種類型，所以皮膚的顏色決定了我要避免選擇黃色系。因為黃色系的衣服會讓我的肌膚看起來非常不健康，特別是薑黃色，這種顏色會讓我的臉色看起來比實際上更黃，如同病人一般。如果必須選擇黃色系的衣服，那麼只能選擇淺米色或者淡駝色，一定要淡色，這樣才會讓臉色顯得明亮。同時，皮膚較黃的人還要注意避開綠色系，綠色系的衣服會讓你的皮膚顯得又黃又黑。所以我基本上不會選擇綠色系衣服，如果要挑選的話也只能嘗試橄欖綠色和灰綠色，但這兩種顏色的衣服比較難搭配，很容易讓人產生穿軍裝的視覺效果。

紅色也是我不能選的色系，我屬於那種紅色衣服一上身就會顯得非常土氣的人，原因很可能是我容易臉紅，所以當我臉紅時身上還有一件紅色系的衣服的話，那個視覺效果可想而知。

膚色發黃，個性內斂，膚色和個性決定了我比較適合藍色系，另外，黑色、白色、淺米色、灰色、橄欖綠色和灰綠色我也會考慮。情況和我相似的女孩可以做參考。

個性特別外向、較為活潑，皮膚略發黃的女孩可以將紅色作為自己衣服的主要色系。同時，黃色系和綠色系建議不要選擇，如果一定要選那麼可以選擇檸檬黃，這種偏亮的顏色會將你的膚色提亮，而綠色系的顏色可以選擇薄荷綠，這種顏色同樣能夠提亮膚色。

第 2 節 冷淺達人

1. 冷淺型人的外貌色彩特徵（如表 8-1 所示）

表 8-1 冷淺型人的外貌色彩特徵

膚色	柔和的冷白、乳白色，或者是帶有藍色調的略深的褐色皮膚。整體膚色偏冷，膚質乾淨而通透，有的臉頰會有自然的玫瑰色紅潤，非常美麗。
髮色	輕柔的棕色、灰黑色或者深棕色，介於最深的黑色頭髮和最淺的棕黃色髮色之間。
瞳色	茶色或者棕色，總的來說不是很銳利的顏色。

冷淺型人的膚色是大家最羨慕的膚色，膚若凝脂、面若桃花說的就是冷淺型人。即使皮膚如此美麗，如果衣服穿錯顏色也會變得寒酸和俗氣。

2. 越接近你的膚色，就越美麗

冷淺型人的選色祕笈前面已經介紹了，其實說到底只有一個規則，衣服的顏色越接近冷淺型人的膚色，就會越美麗。

所以，那些明豔的顏色摻了白，變成柔和清淺的冷色，最適合冷淺型人了，會使她們的皮膚顯得更白皙，更能襯托出超凡脫塵的氣質。

但是請記得一點，皮膚較白的女孩不適合飽和度過高的顏色，因為飽和度過高的顏色配上較白的皮膚會太過耀眼，顯得有些土氣。

這點可以參考國外的白人，他們穿衣通常不會選擇那些飽和度太高的顏色。當然，將高飽和度色彩少量地加在衣服上作為點綴還是可以的。

冷淺型人整體給人溫暖柔和的視覺印象，其外貌集合了冷色調和整體顏色偏淺的雙重特質，冷淺型人很容易出美女。

走在蘇杭的大街上，最多的美女就是冷淺型人，白皙的膚色配上柔和的瞳色、髮色，對比並不鮮明，突出的是恬靜溫柔的特質。

所以，冷淺型人穿衣，最重要的就是不要選擇大的色調，過深的顏色會破壞柔和的整體感。

淺淡的冷色比鮮豔的冷色系要更適合冷淺型人。

最好的顏色選擇是，在同一色系裡進行濃淡不同的搭配，顏色選擇必須柔和、雅緻。因為是冷淺型人，所以顏色選擇也要在藍色調的顏色中選擇。

同樣是藍色，冷淺型人適合有一定灰度的灰藍色、藍灰色、淡紫色，各種加了灰度的淺彩色都是上選。

以 Pantone 公司發布的 2016 流行色為例，水晶粉加靜謐藍的組合是典型的馬卡龍色。如果冷淺型人穿這兩種顏色，整體來說還可以，但是加一點點灰度會更好。

最適合冷淺型人的顏色是灰色和裸色，這兩種顏色都突出了冷淺型人高雅柔和的特質，但是不要太深的灰。

冷淺型人最不適合的顏色是藏藍色，藏藍色沉靜、沉重而高貴，適合暖深型的人穿。

亞洲人裡，冷淺型人所占比例大約是 15%～ 20%，大多集中在南方，屬於這一類型的女人比男人多。

對於冷淺型人來說，冷色系要比暖色系適合得多，冷色特別能夠襯托她們的膚色。

銀色的首飾也比金色的首飾更適合冷淺型人。

第 3 節 冷深達人

1. 冷深型人的外貌色彩特徵（如表 8-2 所示）

表 8-2 冷深型人的外貌色彩特徵

膚色	青白色或者帶一點點橄欖色，帶青色感的褐色皮膚，整體膚色偏冷，不如冷淺型人那麼柔和，給人以強烈對比感。
髮色	烏黑、銀灰或者深酒紅髮色。
瞳色	眼睛的眼珠和眼白深淺對比十分明顯，眼珠為深黑色或者深棕色。

冷深型人的膚色也是偏白的，很多冷深型的人臉部紅潤度很強，尤其是下巴、臉頰等部位，但是不摻雜一絲黃調。

冷深型人適合鮮豔的冷色，最適合的顏色是黑色和豔麗的寶石藍，白金和銀首飾都適合冷深型人。

冷深型的代表人物是范冰冰，她那白皙的膚色與烏黑的髮色對比強烈，令人印象深刻，加上明豔的眼瞳、鮮豔的嘴唇，整個人如同冰山美人一樣，冷豔而奪目。

而《紙牌屋》中的女主角克萊兒也是典型的冷深型人，她在劇中常穿藏藍色衣服。

冷深型人的色彩穿著要點：

注意色彩對比，色彩要鮮明，對比要分明，注意顏色的光澤度。冷深型人是最適合各種純色的，正紅色、酒紅色和玫瑰紅都能夠襯托冷深型人的美。

同時純正的黑色與白色，冷深型人也能完美駕馭。這點和冷淺型人就區別開來了，冷淺型人只適合柔和的乳白色、米白色，真正不摻雜一點灰度的白色並不適合冷淺型人。

同時，冷深型人也能非常好地駕馭藏藍色。

第 4 節 暖淺達人

1. 暖淺型人的外貌色彩特徵（如表 8-3 所示）

表 8-3 暖淺型人外貌色彩特徵

膚色	膚色淺且暖，表現無柔和的淺象牙色、暖米色，給人以溫暖細膩的印象。
髮色	明亮的茶色、柔和的棕色或者栗色。
瞳色	眼珠顏色偏淺，柔和的茶色，看起來非常可愛。

暖淺型人的膚色是非常美麗淺淡的暖色，這種膚色可以撐得起豔麗的暖色。電視劇《紅樓夢》裡的賈寶玉就是這種膚色，穿紅色尤其好看，穿各式各樣的杏色也非常迷人。

暖淺型人給人柔和溫暖的視覺印象，我注意到日本女孩中暖淺型的特別多，她們的膚色大多是柔和的象牙色，配上戴了淺色美瞳隱形眼鏡的眼睛，柔和的偏黃髮色，就像春天一樣溫暖而不灼人。暖淺型人就像可愛的鄰家少女，比其他類型的人顯得更年輕。

很多暖淺型人穿衣喜歡優雅柔和的少女風，看起來明亮而可愛。

2. 暖淺型人的穿衣顏色要點

· 選擇暖色系中的明亮色。

冷色系的衣服，例如灰藍色、裸色，會使暖淺型人看起來灰撲撲的，而暖色系中顏色明麗的衣服能夠映襯她們溫柔、溫暖的外貌特徵，使她們看起來更加俏麗。

· 色彩關鍵字：通透、乾淨、輕盈，帶有黃調。

黑色是最不適合暖淺型人的顏色，過於深重的黑色會與暖淺型人的外貌產生衝突，並使暖淺型人變得暗淡。

· 任何明亮、鮮豔的暖色都很適合暖淺型人。

任何令人聯想起春天的色彩都適合暖淺型人，例如，清新的橙紅色，好像春天發芽的小樹一般的嫩綠色，溫柔的奶黃色，丁香紫，明亮的珊瑚粉、肉粉色，還有清新感覺的天空藍。總之，要不帶任何灰調的顏色。

· 衣服的質料不宜厚重，否則會破壞暖淺型人的輕盈。

穿白色衣服時，可以選擇象牙白，銀色的配件也可以選擇，但是一定要有很好的光澤度。

細細的、精緻的黃金首飾很適合暖淺型人佩戴，K 金也是不錯的選擇。注意不要選擇過於厚重的款式，這會讓外表顯小的暖淺型人增加不和諧的年齡感。

色澤溫潤的珍珠最適合暖淺型人，若皮膚夠白皙，米色珍珠和粉色珍珠也可以選擇。

第 5 節 暖深達人

1. 暖深型人的外貌色彩特徵（如表 8-4 所示）

表 8-4 暖深型人外貌色彩特徵

膚色	瓷器一般的象牙色或者溫暖的駝色皮膚。
髮色	褐色、 棕色或者深巧克力色。
瞳色	深棕色、深茶色，眼白偏向牙色。

暖深型人給人高貴華麗的視覺印象，這也是非常有氣質的一種類型。

她們偏深的肌膚配合溫暖的髮色、瞳色，傳達出主人的高貴氣質。她們比暖淺型人更沉穩，比冷深、冷淺型人更溫和。她們給人的印象就像秋天一樣，高貴、華麗、成熟，是收穫的顏色。

2. 暖深型人的色彩原則

暖深型人可以選擇暖色系中溫暖濃郁的顏色，具有沉穩感的色調最佳。

暖深型人最適合酒紅色、墨綠色、金色等顏色，磚紅色和暗橘色也是她們能夠完美駕馭的顏色。

重點是要濃重和華麗，能夠襯托她們陶瓷般的肌膚。

暖深型人常常會被人評價「大氣」、「有親和力」、「成熟穩重」。

但相對來說，暖深型人的皮膚並不白皙，在亞洲屬於較深的膚色（或者中等膚色）。

在亞洲，暖深型人占了很大比例，40%的亞洲人都屬於暖深型人，所以大多數亞洲人穿溫暖、鮮豔的顏色都很漂亮，例如舊社會過年時的服飾都非常喜慶，襯托人。

不過暖深型人不太適合強烈的對比色，也不適合任何色度的灰色。

當你的皮膚屬於偏黑的類型時，就需要高飽和度的明亮顏色來襯托。皮膚偏黑的人不適合中飽和度的顏色，因為這樣會將皮膚襯托得灰暗。明亮的色彩搭配健康的黑色皮膚，會讓你整個人看起來十分陽光。

當然，相同膚色的人個性並不相同，中性的個性可以用少量的明亮色彩與黑、白、灰色進行搭配，而活潑開朗的個性就可以將明亮色彩選擇為衣服的主要顏色，黑、白、灰色作為衣服上的點綴。如果對自己搭配的能力比較自信，那麼可以選擇有對比的撞色，例如美國第一夫人蜜雪兒．歐巴馬，她總是選擇一些顏色非常亮麗的衣服，但與她黑色的皮膚相搭配非常合適。

第 9 章 風格捷徑：從氣質到氣場的終極進化

衣服本身是無性的，「關鍵看穿在誰身上」，只要穿對了衣服，任何人都可以變得更好看。

從一個人的穿衣打扮、衣著風格往往能看出其性情、身分、喜好。如果你的風格和氣質完美融合，氣場也會因此而生，別人看你的時候也會覺得十分好看；但是風格與氣質相悖的話，怎麼看都會感覺彆扭。

擁有適合自己的風格並非沒有捷徑。

第 1 節 穿衣指南：穿出自己的風格

什麼是風格？風格是一種顏色嗎？風格是一種款式嗎？

都不是，風格是一種態度，是一種貫徹自我、絕不跟風、選擇適合自己的而不是最流行的態度。

風格是不庸俗。時尚先鋒香奈兒女士說：「奢華的反面不是貧窮，而是庸俗。」

1. 風格是最適合你的調調

風格是最適合的調調，屬於你個人風格的意思是：當你打扮成某種風格時，你最美，你的狀態最好。

我有兩個年齡相近的朋友，一個有著修長的美腿和美麗的秀髮，她的氣質也適合走性感風，所以她的穿衣特徵是：喜歡穿黑色，常常是把大腿露出來，超短裙配高跟鞋，修長的美腿帶來視覺上的衝擊力，簡直太美了。

而另一個的特徵就是萌，嬌小的個頭和娃娃臉，使她非常受歡迎。她的衣服絕對跟性感沾不上邊，以萌為主，她的髮型是齊劉海配披肩髮，穿衣服很喜歡粉色，同時喜歡荷葉邊和蕾絲的元素，可愛的衣服也襯托了她的氣質。

人的慾望是無止境的，如果不審視自己的慾望，只會浪費錢財，卻得不到好的效果。

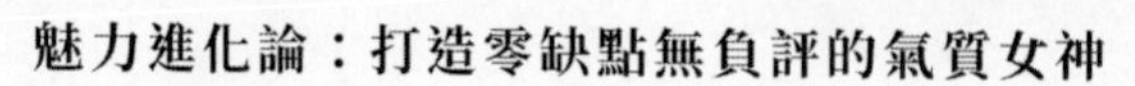

形成自己的固定風格才有助於你成為真正的自己，如果你的風格每天都在變，那麼想要穿得漂亮真的比較難。

第 2 節 追求完美：穿出優雅時尚

1. 一個國家的整體時尚度可不是由年輕人決定的

一個國家的整體時尚度不是由大城市的年輕人決定的，而是由這個國家所有地區、所有年齡層的人決定的。

看一個國家是不是夠時尚，只要去那裡的大街上看看中老年人的裝扮就知道了。如果大街上的中老年人普遍穿得舒適得體，符合他們的年齡和氣質，那麼這個國家或城市一定是真正的時尚之都。

義大利的米蘭、法國的巴黎和英國的倫敦都是這樣的城市，這裡的老年人常常穿得比年輕人更優雅有型。

相對日本和韓國，我們的女性個性更為含蓄，穿衣風格更為保守，有許多女人認為自己上了年紀（其實也才 30 多歲）不能穿嫩粉色了，於是常常選擇保守成熟的顏色。我認為任何年紀都可以穿粉色，只是粉色的明亮度和色相需要仔細選擇。

成熟不是不好，但是太保守的顏色會讓你顯得老氣和無趣。

2. 追求完美：穿出優雅時尚

英語說：You are what you wear. 你的穿著決定了你是什麼樣的人，你衣櫥裡的衣服是你的一面鏡子，從你穿的衣服我可以瞭解到你如何看待自己，以及你如何被社會看待。

對衣服的選擇會徹底暴露你的社會地位，更可怕的是，它會暴露你的審美觀、品味、個人傾向，你是優雅時尚的人，還是前衛大方的人，抑或是木訥無趣的人。

你可以認為這是以貌取人，但是我相信那些頭腦聰明、有趣的人也會穿得很吸引人。

70%的基本款加上 30%的風格款，這樣的穿著往往會顯得很優雅，70%的風格款加上 30%的基本款可以說是非常出色的喜好，而 100%的基本款則意味著無趣。

香港某位名媛從她媽媽那裡得到的建議是：只買最好的和最便宜的衣服，盡量不買中價位的衣服，中價位的衣服往往意味著垃圾。

雖然我們未必要按照這位母親的話做（那樣太極端了），但是你至少可以買幾件高檔的、非常適合你的，且可以帶給你額外自信的衣服，最好是你需要狠下心才能購買的衣服，然後經常性地穿。

在冬天可以是大衣和靴子，在夏天可以是小黑裙，小黑裙永不過時，並且能帶給人一種神秘的氣質，使你的氣場變得強大。

說到優雅時尚，我想額外說一下格子襯衫。

我在學生時代，格子襯衫無比流行（我想現在也是），它簡單，好搭配，隨便就能套在身上。當時班上所有同學都擁有不只一件格子襯衫，什麼紅格子、綠格子，還有藍紫格子。上課的日子裡，學生們的校服裡面是格子襯衫；週末的時候，格子襯衫則被搭配在休閒服裡面或者單穿。

格子襯衫其實是最不好穿的單品之一，即使最美貌的人穿上格子襯衫也只能說不醜，它實在很難讓人加分。格子襯衫特別需要擅長搭配的能力，大多數人都沒有這個能力，所以看起來很土。

格子元素適合小面積出現，作為配件是非常巧妙的，例如圍巾、手套、包。大面積的格子服飾，需要很強的設計感和很好的氣質來駕馭。

格子襯衫的替代品：有一定灰度的條紋襯衫，看起來更輕鬆優雅。

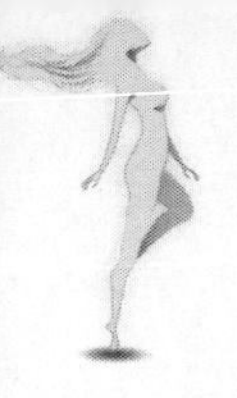
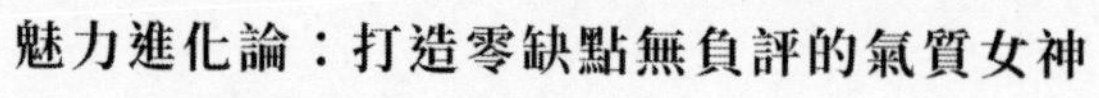

第 3 節 努力修煉：穿衣是階段性蛻變

穿衣是階段性蛻變。

穿衣打扮是一門學問，必須不斷學習，才能不被淘汰。真正學會穿衣打扮並不是一件輕鬆的事情，但是當你有了比較成熟的審美觀，學習穿衣打扮就會事半功倍。

．第一階段迷茫期

學習穿衣打扮的開始階段就是迷茫期，這一時期的特點是：已經認識到穿衣打扮的重要性，並且希望將自己打扮得非常美好。

但是由於對自己的身體條件認識不足，對自己的風格沒有準確的定位，對衣服的經典款式不會辨識，對色彩的搭配完全不瞭解等原因，導致買了很多衣服卻總是穿不出自己想要的效果。

為什麼要對自己的身體條件有足夠的認識呢？

例如，有人看到服裝模特兒穿高領衣服非常漂亮，自己也買了同款，但是穿到自己身上就完全走樣了，為什麼？因為只有體型較瘦、脖子修長、肩部線條硬朗的人才適合穿高領，而自己身材中等或者脖子較短、斜方肌過於發達等這些因素，都會導致衣服上身效果非常差。

為什麼要對自己的穿衣風格有準確的定位？

我認識一位時尚達人，她對於穿衣經常說一句話：要學會打扮，需要先學會一整套穿衣。之後她解釋道，在冬天的大街上我們經常會看到有些人上身穿著大衣，下身穿著半裙，腳上穿著中靴，她們認為自己一身集合了流行的所有元素，但是事實上她們的這一身打扮涵蓋了三種風格，OL 風、淑女風、型女風。

這樣的搭配會讓人感覺有些不倫不類。混搭並不是不可以，但是想要搭配好難度很大，所以處於學習階段時，建議先放棄混搭，找到一種適合自己的穿衣風格，能夠將這一種風格穿好，就已經超越了大部分人。

如果你對自己的身材已經有了充分的認識，也能夠很好地把握自己的穿衣風格，並且根據自己的實際情況購買了適合自己的基本款，那麼恭喜你，你已經脫離了穿衣的迷茫期，進入了穿衣的第二個階段：磨練期。

第二階段磨練期

磨練期就是磨練自己的審美水準，提高對色彩的認識度，能夠買到適合自己的單品，並且不斷研究各種街拍，瞭解穿衣流派，然後根據這些知識將自己現有的衣服不斷進行搭配的過程。

看見一件單品如何分辨是垃圾還是有型單品？答案是尋找與自己風格類似的街拍照，如果你能夠從兩張以上的街拍照中發現這件單品，那麼這件單品肯定值得一試。

學會判斷顏色正不正，過不過時，這就需要多看時尚品牌發表會，看得多了就能找到感覺。從街拍中學習也是一個好方法，比如想要學黑色衣服如何搭配，就要找黑色衣服的街拍去研究。

如何高效利用自己的衣服？答案是將原有的基本款衣服與新買的時尚單品進行搭配，而不是一買就買一整套。

從磨練階段畢業之後，你的穿衣就可以與路人有所分別了。合適的化妝、得體的髮型以及花費很長時間才搭配出來的服裝，但是卻看不出刻意的痕跡，這時你就步入了穿衣的成熟期。

· 最終階段成熟期

穿衣打扮處於成熟期的女孩找到了將自己的美透過穿衣表達出來的方法，穿衣時尚，打扮精緻，但同時又不會露出刻意的痕跡。處於這個階段只需要時常關注最新的資訊，定期去鬧區逛街就可以了，這種狀態是可以長時間保持的。

男人的審美觀和女人有很大的不同，他們不會太關注細節。一件款式相同、顏色相同的衣服在女性眼中可能差別很大（例如鈕扣位置不同、單排扣和雙排扣不同），但在大多數男人眼中這兩件衣服就是一樣的。所以，如果要照顧男人的審美觀，就不要購買太多顏色和款式相同的衣服，因為在他們眼裡這些顏色相同的衣服是一樣的。

有些男人的審美觀讓我很是無法理解，許多在我眼中非常俗套的裝扮，在他們眼中卻成了漂亮的裝扮，不管是全身亮片還是讓人吐血的鉚釘，只要不常見他就認為是時尚。

怎麼我們以黑、白、灰為主色調的超酷歐美時尚居然被全身亮片和鉚釘打敗了？

其實對此我們不用太在意。處於穿衣成熟階段時，要學會把握大多數人的審美觀，最好能夠將女人認為的時尚與男人認為的漂亮結合起來。

圖 9-1 小小的改變，既不會減少酷感，還能增加情趣

例如，歐美風的黑、白、灰中間就可以加一些亮點，換個顏色的靴子，或者加上圍巾之類的小配件（如圖 9-1 所示）。

如果覺得顏色太過單調，那麼可以透過疊加穿法獲得層次感和立體感。這樣的美更完整，也更易於被大多數人接受。

第 4 節 如何穿衣才能低調而優雅？

1. 簡單低調是上層社會女性的標誌

有一本叫做《格調》的書，這樣描述上層女性的穿著：「她們穿得更低調，通常款式都很簡單，沒有過度的裝扮和搭配；她們身上沒有任何多餘的裝飾和珠寶，她們的頭髮沒有明顯的髮型，但是一定是非常清爽的。」

戴太多首飾、畫太濃的妝、身上裝飾過多、穿高調閃光的連褲襪以及非常高的高跟鞋，這些都是不高級的標誌。

2. 任何單品都不要太多

任何單品都不要太多，除非它能標幟你的個人風格。

對於女性來講，逛街購物無疑是一件令人愉悅的事情，但是逛街和購物是兩個概念，逛街不一定要買東西，也不一定為了買東西而逛街。

我非常喜歡逛街，但是買得比較少，一方面我平時的衣物以代購為主，因為國內的衣服和化妝品太貴；另一方面，我通常會選擇國外的打折季集中購買自己喜歡的衣服。

實用性低的衣服有一件就夠了，不要多買。例如，海邊風的假日長裙，如果你不是已經確定去海邊的具體日期，建議不要購買。

那些被你計畫「等下次穿」的衣服，往往一直不會穿。事實上，當那個場合真正來到的時候，也許你的衣櫥裡現有的衣服中也有可以穿的。

再好看的衣服不適合你也不要買，因為它們的下場通常是壓箱底。

不適合你，可能是不適合你的尺寸（不要幻想自己會瘦），不適合你的臉色（不要幻想化了妝穿會好看，如果你逛街時沒有化妝，那麼你也懶得為穿它而化妝），不適合你的風格（走中性風的女孩就不要幻想自己也可以穿公主風的裙子了，想要穿裙子的話小黑裙正在等著你）。

3. 買你能力範圍內最好的

建議購買你能力範圍內質地最好的衣服，同一件白襯衫，50 元一件和 500 元一件的絕對不一樣，500 元一件和 5000 元一件的也不會一樣。我不是鼓勵你掏空荷包去買 5000 元一件的白襯衫，但是如果你可以負擔 500 元一件的，就不要去買 50 元一件的，它會讓你看起來寒酸、不體面。

穿衣無非是：分場合穿衣、氣質與穿衣相吻合、膚色與衣服色彩相協調、剪裁能修飾體型。

所以最重要的是，在購買衣服之前先瞭解自己：自己的喜好、自己的膚色、自己的體型適合的衣服。

4. 找到你的「基本色」：最適合你的顏色

買衣服前先確定自己的基本色，可以提高穿著率。基本色在這裡不是指黑、白、灰，而是最適合你膚色和風格的顏色。

基本色是「最適合你的兩個色系」。

適合你的顏色可能不是很多。我認識一個女孩，她的基本色是藏藍與紅，這兩個顏色都很適合她，搭配在一起也很好看。

例如，現在熱門的薑黃色很適合知性的女士，藏藍色很皇家，適合熟女等。

我的基本色是黑色和裸色。

基本款的衣服都買基本色的，然後小配件，例如絲巾、包包、腰帶等可以買別的顏色。這樣買衣服，成功率和穿著率都會很高。

決定自己穿什麼是有順序可循的。一般來說，你需要：

A. 根據要出席的場合選擇風格；

B. 根據自己的體型選擇款式；

C. 根據膚色確定服裝的主色調；

D. 根據主色調來決定配件的顏色；

E. 確定整體風格的協調。

第 5 節 氣場遠不只搭配那麼簡單

1. 恰當選擇尺寸，讓你看起來更曼妙

既要有選擇更大號衣服的勇氣，也要有選擇更小號衣服的決心。不同的款式、不同的服裝，需要不同的尺寸。

有的衣服就是大一點才好看，有的則需要緊身才俐落。我認識一個女孩，她穿什麼樣的衣服都顯得非常適合，無論是基本款的風衣，還是別緻的連身裙，她穿起來就是和別人不一樣。

後來我問她穿衣服的祕訣是什麼，她對我說，她的祕訣就是所有的衣服都要試三個尺碼，第一個尺碼是適合自己的 S 號，以她的身高體重通常都是選擇 S 號的衣服。

但是為了更好的效果，她每次都會試 XS 號、S 號、M 號三個尺寸的衣服。

去年有一款非常火紅的名牌羽絨衣，款式和材質都非常出色，但是從網上秀出的圖來看，穿這件衣服的人很少有穿得和模特兒一樣漂亮的，看起來總覺得哪裡怪怪的。但是她穿上後卻非常好看，我問她為什麼，她說在購買這款衣服前，她仔細研究了尺寸，覺得這款是為歐美人設計的，如果按照自己平時的尺碼購買，那麼效果一定是寬鬆的，羽絨衣太寬鬆了可不好。於是她在仔細研究了尺寸之後，覺得這一款更適合小一號，於是她買了小一號的，果然長短非常適合她，整體的線條看起來也非常流暢。

2.「百變」是無法成為女神的

不要輕易嘗試百變髮型，超過 20 歲後你的髮型應當有自己的基本風格，是有劉海還是無劉海，是中分還是旁分……都應該有個基本的形狀，選擇最適合你的髮型，然後不要經常性地改變它。

所有的女神都是靠細節堆出來的，例如走法式浪漫風的蘇菲．瑪索，她就永遠以法式劉海示人。頗有空氣感的劉海，使她看起來性感而慵懶，那是她獨特的氣質。

真正的女神很少變換自己的髮型，因為她們知道什麼才是最適合自己的。

美人們的髮型改變尚且雷人，何況我們呢？

對於很多女性來說，印堂是精氣神所在，而劉海就是她們通往「美女」道路的最後一道障礙。如果你沒有額頭突出的問題，不如痛快地把劉海掀起來，露出額頭，這樣可以讓你整個五官清晰很多。

3. 從「我喜歡」到「我適合」

審美觀這件事情並不完全是先天的，後天的努力更加重要。

我有一個很好的朋友，在青春期的時候非常喜歡打扮得像男人婆，帥氣的西裝褲、短短的頭髮，而且故意把胸部勒得很平，做出帥氣的樣子。但是這樣的效果並不好，因為她的身高只有 163 公分，而且眉眼都非常柔和，那些中性化的衣服在她身上顯得不倫不類。

許多女孩子在青春期，都喜歡把自己打扮成中性的樣子，這是處於青春期的奇特心理。等她們長大後你會發現，她們忽然間變漂亮了，其實她們的五官並沒有什麼變化，只是她們忽然開竅了，會打扮了，更重要的是選擇了適合自己的衣服。

我那個朋友在長大之後，開始選擇一些女性化的衣服，雖然很少有裝飾，但是都非常適合她的身材，我發現她穿裙子比穿褲子漂亮得多。選擇適合自己的衣服，也是重新認識自我的過程。

在穿衣服這件事情上，有一個事實是，你喜歡什麼並不重要，你適合什麼才最重要。過去可能很多人告訴過你，你喜歡什麼就穿什麼，但是很多時候我們喜歡的衣服往往不適合我們，反而會使我們走更多彎路。

我看一個女孩是透過她的衣著打扮和她使用的香水，從中我可以看到她對自我的認知，我可以猜到她期望的自我。如果一個人對自我的認知和現況相吻合，她的打扮看起來就會非常有美感；如果一個人的自我認知和現況並不一致，她的打扮就會有一種怪異的感覺。

後記

魅力、眼神、微笑、語言是女人用來淹沒男人和征服男人的洪流。

——莫泊桑

我想說，所謂的魅力更多是來自於女人對自身的瞭解以及內心對於外界認同的渴望！

我不知道你將去何方？但我知道你已經在路上！

關鍵是：女人……

你到底要什麼？事業或是愛情？還是取悅自己的籌碼？又或者試圖擁有全部的資本？

凌晨，獨坐在電腦前，思緒回到幾年前，回想當初一心想出本女性形象管理的書籍，是什麼信念支撐著我，才能終於讓這本書面世！

總覺得女人與形象管理這一課題的關係，如同一對歷經歲月沉澱的夫妻，舉手投足間便會不經意沾染彼此的痕跡！

我一直覺得自己是一名「色女」，眼睛總是不由自主地出賣自己的靈魂，對於那些體型健壯，神情或陽光或憂鬱，穿衣品味不凡的男性總是偏愛，可是女人們，難道你們不愛？亦如同男人對於美女天生的喜愛一樣，關鍵在你是否有讓男人一見鍾情、鞍前馬後的資本。

在行動網路時代，我們每天都會在朋友圈看到各式各樣的女性文章，但那些資訊並不對稱，於是我們越來越迷惘。

希望這本書能讓你不再問，不再無措……。

進入書海，慢慢暢遊！

國家圖書館出版品預行編目（CIP）資料

魅力進化論：打造零缺點無負評的氣質女神 / 高麗 著 .
-- 第一版 . -- 臺北市：崧燁文化，2019.10
面； 公分
POD 版

ISBN 978-986-516-080-7(平裝)

1. 美容 2. 生活指導

425　　108017507

書　名：魅力進化論：打造零缺點無負評的氣質女神
作　者：高麗 著
發 行 人：黃振庭
出 版 者：崧燁文化事業有限公司
發 行 者：崧燁文化事業有限公司
E-mail：sonbookservice@gmail.com
粉 絲 頁：　網 址：
地　址：台北市中正區重慶南路一段六十一號八樓 815 室
8F.-815, No.61, Sec. 1, Chongqing S. Rd., Zhongzheng
Dist., Taipei City 100, Taiwan (R.O.C.)
電　話：(02)2370-3310 傳　真：(02) 2388-1990
總 經 銷：紅螞蟻圖書有限公司
地　址: 台北市內湖區舊宗路二段 121 巷 19 號
電　話:02-2795-3656 傳真 :02-2795-4100　網址：
印　刷：京峯彩色印刷有限公司（京峰數位）

定　價：250 元
發行日期：2019 年 10 月第一版
◎ 本書以 POD 印製發行